高等学校计算机专业系列教材

天津大学"十四五"规划教材

计算机图形学

刘世光 编著

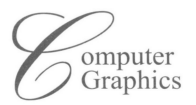

机械工业出版社
CHINA MACHINE PRESS

本书全面介绍了计算机图形学的基础概念、技术和方法，按照计算机图形绘制流水线，循序渐进地介绍基本图形算法、物体建模、几何变换、光照绘制、计算机动画技术、声音模拟技术和基于深度学习的图形技术。书中融入了计算机图形学领域的前沿研究成果，特别是深度学习在计算机图形学领域中的前沿应用，每章内容中包含相关算法的程序代码，并附有习题，有利于读者更好地理解知识点并进行动手实践。

本书可作为高校计算机、软件工程、人工智能、应用数学、电子工程、数字媒体等相关专业本科生或研究生的教材，也可作为计算机游戏设计、动画、影视制作、计算机仿真、虚拟现实等领域的研究人员和技术人员的参考书。

图书在版编目（CIP）数据

计算机图形学 / 刘世光编著. -- 北京 ：机械工业出版社，2025. 4. --（高等学校计算机专业系列教材）.
ISBN 978-7-111-78209-4

Ⅰ. TP391.41

中国国家版本馆 CIP 数据核字第 2025JH2095 号

机械工业出版社（北京市百万庄大街 22 号　邮政编码 100037）
策划编辑：朱　劼　　　　　　　　　责任编辑：朱　劼
责任校对：颜梦璐　王小童　景　飞　　责任印制：李　昂
涿州市京南印刷厂印刷
2025 年 6 月第 1 版第 1 次印刷
185mm×260mm・11.25 印张・1 插页・208 千字
标准书号：ISBN 978-7-111-78209-4
定价：59.00 元

电话服务　　　　　　　　　　　网络服务
客服电话：010-88361066　　　机　工　官　网：www.cmpbook.com
　　　　　010-88379833　　　机　工　官　博：weibo.com/cmp1952
　　　　　010-68326294　　　金　书　网：www.golden-book.com
封底无防伪标均为盗版　　　机工教育服务网：www.cmpedu.com

前　言

　　计算机图形学是计算机科学领域中发展迅速、应用广泛的一门新兴学科，主要研究在计算机中表示图形，以及利用计算机进行图形的计算、处理和显示的相关原理与算法。计算机图形学技术已经广泛应用在影视特效、游戏制作、科学计算可视化、虚拟现实、多媒体技术、计算机动画、计算机辅助设计等领域。近年来，随着深度学习的出现，计算机图形学更是如虎添翼，快速发展。

　　作者从 2011 年起为天津大学计算机科学与技术专业的本科生讲授"计算机图形学"课程，本书正是在总结课程讲义及课题组研究成果的基础上编写完成的，并且充分借鉴、吸收了计算机图形学领域的一些最新研究成果。和现有的计算机图形学教材相比，本书有以下特点：

　　1）本书引入了近年来发展迅速的深度学习的有关原理和框架，介绍了深度学习在计算机图形学领域中的前沿应用，有助于读者快速了解最新的研究动向。

　　2）现有的计算机图形学教材很少涉及声音相关内容，本书则较为详细地介绍了声音模拟的基本原理，以及声音合成、声音传播和声音渲染的常用技术。

　　3）本书在第 1 章中介绍了图形绘制流水线，之后的各章围绕图形绘制流水线依次展开介绍，最后讨论计算机图形学技术的高级应用，方便读者循序渐进地学习。

　　4）每章内容中包含相关算法的代码，并附有习题，有利于读者更好地理解知识点并进行动手实践。

　　本书共有 8 章。第 1 章是绪论，介绍计算机图形学的概念和发展历史、图形绘制流水线、OpenGL 及程序示例，最后介绍计算机图形学的应用。第 2 章重点讨论计算机图形学中的基本图形算法，包括直线绘制、图形裁剪、填充和消隐等，其中，给出了不同算法的定义、算法步骤和流程、伪代码，并分析了不同算法的优缺点。第 3 章对物体建模进行全面介绍，涵盖基于面、体表示的方法，多边形网格建模和参数曲线与曲面建模的基本原理与技术，以及隐式曲面建模、体素建模、构造实体几何、高级建模技术、建模软件与工具，为读者提供物体建模领域的深入理解和实践指导。第 4 章主要探讨二维和三维空间中的几何变换，包括基本的变换类型、矩阵表示、逆变换以及复合变换等多个方面；此外，还简要介绍了其他类型的二维和三维变换，如剪切变换、镜像变换等。第 5 章介绍光照绘制，主要包括光照绘制的基本知识和经典方法，包括光照的基本原理、常用的光照模型、经典的光线追踪技术等，并且讨论了光线追踪技术在大气光象绘制中的应用实践。第 6 章讨论计算机动画技术，主要涵盖计算机动画的基本知识和常用方法，包括计算机动画的分类、基于物理的流体模拟（欧拉法、拉格朗日法及晶格玻尔兹曼法）、基于粒子系统的动画。第 7 章介绍声音模拟技术，首先介绍声音的基础知识；然后讨论声音合成技术，包括基于信号的声音合成方法和基于物理模拟的声音合成方法，并以火焰声音合成为例，给出基于物理模拟的声音合成方法的具体实践；此外，分析了两种常用的声音在环境中的传播模拟方法，即几何方法和数值方法；最后，讨论了三维音频技术中的声音渲染方法，包括双耳声渲染方法和 Ambisonics 方法。第 8 章介绍基于深度学习的图形技术，介绍深度学习的发展、原理与经典模型，包括卷积神经网络、自动编码器、生成对抗网络及其衍生的系列方法和模型，并且分析了深度学习在计算机图形学中的前沿应用。

本书可作为高等学校计算机、软件工程、人工智能、应用数学、电子工程、数字媒体等相关专业本科生或研究生的教材，对计算机游戏设计、动画、影视制作、计算机仿真、虚拟现实等领域从事研究、应用和开发的人员也有较大的参考价值。

本书得到了天津大学"十四五"规划教材建设项目的支持。课题组的李思佳、林堃、杨旭、曹雨、席佳璐、李博、王欣艺参与了本书初稿的资料收集和整理工作，在此表示衷心的感谢！

由于作者水平有限，书中错误与疏漏之处在所难免，恳请读者批评指正。

作者

2025 年 1 月

目　　录

第 1 章　绪　　论

本章主要介绍计算机图形学的基本概念、发展历史、图形绘制流水线、OpenGL 及计算机图形学的应用等方面的知识。

1.1　计算机图形学的概念与发展历史

计算机图形学（Computer Graphics）是一门研究如何利用计算机表示、生成、处理和显示图形的原理、算法和技术的学科。

20 世纪 60 年代，在麻省理工学院攻读博士学位的 Ivan Sutherland 编写了世界上第一款绘图程序 SketchPad，并在其博士论文中首次使用"计算机图形学"这一术语，被认为是计算机图形学的开端。SketchPad 重新定义了人与计算机的交互方式，开启了人类在屏幕上生成图形、设计世界的先河。这个时期的图形学主要研究线段和简单多边形的绘制。

20 世纪 70 年代，计算机图形学领域的学者开始研究复杂的图形建模和绘制技术（如 Bezier 曲线和 B 样条曲线等）。光栅图形学算法（如裁剪、扫描填充、消隐等）在这一时期得到飞速发展。从 1974 年开始，ACM SIGGRAPH（Special Interest Group for Computer Graphics）每年举办一次年会，逐渐发展为计算机图形学与人机交互领域的顶会。

20 世纪八九十年代，计算机图形学的主要研究内容集中在光照模型、阴影生成、纹理映射、基于物理的模拟等方面，并在动画制作、游戏开发、虚拟现实、艺术等领域得到广泛应用。真实感图形绘制技术在这一时期逐渐完善。

2000 年至今，随着计算机性能的不断提升，计算机图形学技术得到快速发展和更加广泛的应用，成为计算机科学领域的一个重要分支。

1.2　图形绘制流水线

图形绘制流水线以三维模型、场景数据和视图参数作为输入，并将像素数据输出到显示设备。这是一个迭代的过程，每个阶段的输出作为下一个阶段的输入，直到生成最终的视觉图像。

如图 1-1 所示，图形绘制流水线主要包括三个阶段：顶点处理（Vertex Processing）阶段、光栅化（Rasterization）阶段和片元处理（Fragment Processing）阶段。

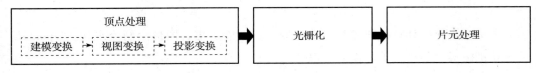

图 1-1　图形绘制流水线

1. 顶点处理阶段

顶点处理阶段主要处理输入的顶点数据，执行顶点变换（如建模变换、视图变换和投影变换等），也会计算光照和阴影，并进行顶点级别的动画和形变。此阶段将输入的顶点从模型空间转换到裁剪空间，输出一系列裁剪空间中的顶点坐标及光照数据。

第 3 章将介绍建模变换的基本知识和常用方法。第 4 章将讨论常用的几何变换，包括二维几何变换、三维几何变换等。

2. 光栅化阶段

光栅化阶段将顶点处理阶段的输出（即几何形状）转换成像素（片元）。它执行屏幕空间的坐标变换，并将基本几何形状（如三角形等）转换成像素网格。这一阶段还负责管理深度缓存，以保证正确的遮挡关系。

第 2 章将介绍光栅转换的基本知识，重点讨论直线绘制、图形裁剪、扫描线填充、消隐等经典算法。

3. 片元处理阶段

片元处理阶段，也称为像素处理阶段，主要负责对光栅化阶段生成的像素进行处理。此阶段生成每个像素的最终颜色，为后续的纹理映射、光照和阴影计算等工作服务。此阶段的输出为像素数据（包括颜色和深度值等）。

第 5 章将讨论光照绘制的基本知识和常用的光照模型等。

此外，第 6 章和第 7 章将介绍计算机图形学的高级应用，包括计算机动画技术和声音模拟技术。第 8 章将讨论深度学习的基本知识及其在计算机图形学领域的应用进展。

1.3 OpenGL

OpenGL 是一个功能强大的开放图形库（Open Graphics Library），它的前身是 SGI 公司为其图形工作站开发的 IRIS GL。目前，OpenGL 已成为开放的国际图形标准。

1.3.1 OpenGL 的特性

OpenGL 的 API 集提供了物体建模、几何变换、光照、纹理、交互以及提高显示性能等方面的功能，涵盖开发图形程序的各个方面。OpenGL 具有如下特性：

1）**跨平台特性**：OpenGL 与硬件、窗口和操作系统是相互独立的，可以集成到各种标准窗口和操作系统中。

2）**应用的广泛性**：OpenGL 是目前最主要的交互式图形应用程序开发环境，已成为业界常用的图形应用编程接口。

3）**高质量和高性能**：OpenGL 在 CAD/CAM、计算机动画、可视化等领域均表现出高质量和高效率的图形生成能力。开发人员可以利用 OpenGL 制作出效果逼真的二维和三维图像。

4）**可扩展性**：OpenGL API 经常更新，增加新的功能，与硬件发展保持同步。

1.3.2 OpenGL 的函数库

OpenGL 的函数库包括基本库（gl）、实用库（glu）、辅助库（aux）、窗口库（glx、agl、wgl）、实用工具库（glut）和扩展函数库等。

其中，基本库是核心，实用库是对基本库的部分封装。窗口库中包括针对不同窗口系统的函数。实用工具库是用于跨平台的 OpenGL 程序的工具包。扩展函数库则是硬件厂商为实现硬件更新而利用 OpenGL 的扩展机制开发的函数。

1.3.3 OpenGL 示例程序

下面给出了一个简单的 OpenGL 示例程序，展示了 OpenGL 头文件的使用、语法规则、程序的基本结构、程序的运行环境配置等，如代码清单 1-1 所示。OpenGL 程序设计遵循如下机制：

1）OpenGL 的状态机制：OpenGL 的绘图方式是由一系列状态决定的，如果设置了一种状态或模式而不改变它，那么 OpenGL 在绘图过程中将一直保持这种状态或模式。

2）OpenGL 中的线画图元绘制机制：任何复杂的图形都是由基本的图元点、线和多边形组成的。在绘制某个几何对象之前，必须先指明要绘制的几何对象类型（例如点、线和多边形）。

代码清单 1-1　OpenGL 程序示例

```c
# include < windows.h>
# include < GL/gl.h>
# include < GL/glu.h>
# include < GL/glaux.h>
# include < stdio.h>

void myinit(void);
void CALLBACK myReshape(int w, int h);
void CALLBACK display(void);

void myinit(void)                           // 初始化
{
    glClearColor(0.0,0.0,0.0,0.0);          // 将窗口置为黑色
}
void CALLBACK display(void)
{
    glClear(GL_COLOR_BUFFER_BIT);
    // 将颜色缓存置为 glClearColor 命令所设置的颜色,即背景色
    glColor4f(0.2,0.8,1.0,1.0);             // 选颜色 (R,G,B)
    glRotatef(30,1.0,1.0,0.0);              // 做旋转变换
    auxWireCube(1.0);                       // 绘制六面体的虚线图
    glFlush();                              // 强制绘图,不驻留缓存
    }
void CALLBACK myReshape (int w, int h)      // 用于窗口大小改变时的处理,与绘图无关
{
    glViewport(0,0,w,h);
}
void main(void)
{
    auxInitDisplayMode(AUX_SINGLE|AUX_RGBA); // 窗口显示单缓存和 RGB(彩色)模式
    auxInitPosition(0,0,200,200);            // x= 200,y= 200, (0,0)是屏幕左上角的点
    auxInitWindow("openglsample.c");         // 初始化窗口,参数是标题
    myinit();
    auxReshapeFunc(myReshape);
    auxMainLoop(display);
    }
```

1.4 计算机图形学的应用

计算机图形学技术能够在计算机中构造出场景的几何模型，根据给定的光照条件计算画面上可见的各景物表面的光亮度，生成以假乱真的图形效果，使观者产生身临其境的视觉体验。计算机图形学已在影视特效、数字游戏、自然灾害预防、科学计算可视化、虚拟现实和计算机仿真、军事模拟和体育竞技等领域得到了广泛应用。

1. 影视特效

在影视制作中，许多灾难场景（如龙卷风、沙尘暴、闪电等）因难以捕捉并且实际拍摄的危险性很高，因此广泛采用电脑特效来实现。灾难片《后天》中的特效制作费用占整个影片制作成本的 90% 以上，超过 1.1 亿美元。利用真实感图形绘制技术可以方便地制作出各种流体特效，大大节省了创建真实场景的人力和物力。同时，一些科幻电影的场景（比如《阿凡达》）也多采用图形绘制技术来构建。

2. 数字游戏

在数字游戏领域，随着硬件技术尤其是显示芯片技术的不断发展，越来越多的游戏制作公司在三维的游戏场景中加入了水、烟和火等流体相关的特效，成为许多场景不可缺少的组成部分。图形特效已经成为游戏制作的核心技术，也成为吸引玩家的重要因素。其中，真实感图形模拟扮演着重要的角色。

3. 自然灾害预防

我国幅员辽阔，气象多变，引发的台风、地震、泥石流、山地滑坡等自然灾害会造成巨大的生命财产损失并引发严重的交通事故和生态灾害等。灾害性大气现象的真实感建模与绘制可以再现这些灾害现象，为防灾减灾提供更多的方式，对于灾害预防与救援、环境评估等具有重要意义。

4. 科学计算可视化

科学家研究自然现象时，往往要面对大量极其枯燥烦琐的数据，对这些海量数据进行分析十分费时费力。计算机图形学技术有助于建立相应的物理模型，展示这些复杂现象的视觉效果，为研究者更好地认识和分析此类现象的本质提供直观的技术手段。

5. 虚拟现实和计算机仿真

真实感图形绘制技术在军事训练、飞行驾驶、航海模拟、试验系统数字孪生等虚拟现实和计算机仿真系统中具有重要的应用价值。对各种现象和环境的真实感模拟可以大大增加仿真系统的沉浸感，增强仿真训练的效果。

6. 军事模拟和体育竞技

在军事模拟和体育竞技等领域，真实感模拟技术也占据着举足轻重的地位。比如，在 F1 赛车竞技中，工程师们可以采用流体模拟的方式来测试赛车的空气动力学部件；在军事模拟中，可以通过对气流和洋流的模拟，分析大风和海洋对导弹的影响等。

1.5　参考文献

［1］　彭群生，金小刚，冯结青，等. 计算机图形学应用基础［M］. 北京：清华大学出版社，2023.

［2］　孙家广，胡事民. 计算机图形学基础教程［M］. 北京：清华大学出版社，2005.

［3］　HEARN D，BAKER M P. 计算机图形学：第三版［M］. 蔡士杰，宋继强，蔡敏，译. 北京：电子工业出版社，2005.

［4］　休斯，达姆，麦奎尔，等. 计算机图形学原理及实践：原书第 3 版：基础篇［M］. 彭群生，刘新国，苗兰芳，等译. 北京：机械工业出版社，2018.

［5］　休斯，达姆，麦奎尔，等. 计算机图形学原理及实践：原书第 3 版：进阶篇［M］. 彭群生，吴鸿智，王锐，等译. 北京：机械工业出版社，2021.

［6］　克赛尼希，塞勒斯，施莱尔. OpenGL 编程标准指南：原书第 9 版［M］. 王锐，等译. 北京：机械工业出版社，2017.

1.6　本章习题

1. 简述计算机图形学的发展历史。
2. 描述计算机图形学绘制流水线。
3. 编程实现一个 OpenGL 程序。
4. 计算机图形学的应用有哪些？试分析计算机图形学的发展趋势。

第 2 章　基本图形算法

基本图形算法主要包括直线绘制、图形裁剪、填充和消隐等。这些算法不仅构成了计算机图形学的基本框架，也提供了实现各种图形变换、渲染和交互的基础工具。学习这些算法有助于更好地理解计算机图形学的原理和方法，为后续的学习和实践打下坚实的基础。

直线绘制算法是计算机图形学中最基础的算法。它涉及如何在计算机屏幕上准确地绘制出直线，以及如何在不同的分辨率和不同的显示设备上保持绘制的质量。通过学习和掌握直线绘制算法，读者能够更好地控制图形的绘制过程，实现更加精确和高效的图形渲染。

图形裁剪算法是处理图形边界问题的重要手段。在计算机图形学中，经常需要处理图形与窗口或视口之间的裁剪关系，以确保图形能够正确地显示在屏幕上。裁剪算法有助于快速地确定保留哪些部分的图形以及裁剪掉哪些部分的图形，从而实现图形的精确显示。

填充算法是实现图形的颜色填充和区域填充的重要工具。通过填充算法，可以为图形添加丰富的颜色和纹理，使图形更加生动和逼真。填充算法也可用于实现一些复杂的图形效果，如渐变填充、纹理映射等。

消隐算法是解决图形遮挡问题的关键技术。在计算机图形学中，由于图形之间的遮挡关系，需要通过消隐算法来确定哪些图形应该被显示出来，哪些图形应该被隐藏起来。消隐算法能够帮助我们实现图形的真实感渲染，改善图形的视觉效果和用户体验。

2.1　直线绘制

在计算机图形学中，直线绘制是最基础且至关重要的算法之一。直线不仅是构成复杂图形的基本元素，还是许多图形变换、渲染和交互操作的基础。无论是二维图形界面上的简单线条绘制，还是三维空间中的复杂场景构建，直线绘制都发挥着不可替代的作用。

直线绘制算法的核心在于如何在计算机屏幕上准确地模拟出直线的视觉效果，即如何在屏幕像素集中求出最接近待绘制直线的像素集合。这涉及对直线数学表示的理解、计算机图形学中的离散化处理方法，以及如何在有限的像素空间内实现高质量的直线渲染。通过直线绘制算法，就能够将抽象的直线概念转化为具体的像素表示，从而在计算机屏幕上呈现出清晰、连贯的直线。

随着计算机图形学技术的不断发展，直线绘制算法也不断地得到优化和改进。从最初的简单像素填充方法，到 DDA、Bresenham 等高效算法的出现，直线绘制的精度和效率得到了显著提升。这些算法不仅提高了直线绘制的速度，还能够在不同分辨率和不同显示设备上保持稳定的绘制质量。

此外，直线绘制算法还与其他图形算法密切相关。例如，在图形裁剪算法中，需要根据直线的位置和方向来确定需要裁剪掉哪些部分；在填充算法中，直线则作为界定填充区域的重要边界；而在消隐算法中，直线的绘制顺序和遮挡关系则直接影响最终图形的视觉效果。

2.1.1 直线绘制的基本概念

在计算机图形学中，直线绘制是构成各种复杂图形的基础。为了深入理解和掌握直线绘制技术，首先需要了解直线的数学表示及其在计算机图形学中的表示方法。

1. 直线的数学表示

在二维空间中，直线可以通过多种方式用数学语言进行描述。下面给出三种常见的表示方法。

- **点斜式**：已知直线上一点 (x_1, y_1) 和直线的斜率 k，直线方程可以表示为 $y - y_1 = k(x - x_1)$。
- **两点式**：已知直线上两点 (x_1, y_1) 和 (x_2, y_2)，直线方程可以表示为 $(y - y_1)/(y_2 - y_1) = (x - x_1)/(x_2 - x_1)$。
- **一般式**：直线方程可以表示为 $Ax + By + C = 0$，其中 A、B、C 是常数，且 A 和 B 不同时为零。

这些数学表示方法提供了描述直线的基本方式，能够精确地表达直线的位置、方向、长度以及与其他图形的几何关系。

2. 直线在计算机图形学中的表示

在计算机图形系统中，选择直线的表示方法时需要考虑计算机屏幕的离散化特性。如图 2-1 所示，由于屏幕是由像素组成的，因此需要将数学上连续的直线映射到离散的像素上。通常，直线在计算机图形学中的表示涉及两个主要步骤：

1）**离散化处理**：根据直线的数学表示和屏幕的像素布局，确定哪些像素应该被绘制出来，以形成视觉上连续的直线。在这一过程中，需要考虑直线的走向、斜率以及像素之间的距离等因素。

2）**绘制方法**：根据离散化处理的结果，选择适当的算法和技术将直线绘制到屏幕上，其中包括确定绘制直线的起始点和终止点、选择绘制精度和抗锯齿技术等。

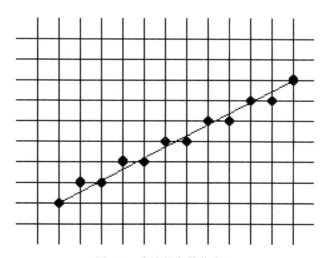

图 2-1　直线的离散化表示

值得注意的是，由于计算机屏幕的分辨率有限，直线的绘制可能会出现一些视觉上的误差，如锯齿状边缘。为了改善绘制效果，可以采用一些高级反走样技术（如抗锯齿算法）来提高直线的绘制质量。

2.1.2　直线绘制算法

在计算机图形学中，直线绘制算法是确定如何在屏幕上以像素的形式表示连续直线段的关键技术。这些算法根据直线的数学定义，通过一系列计算和决策，最终确定哪些像素应该被点亮以形成视觉上的直线。本节介绍两种主要的直线绘制算法：

DDA（Digital Differential Analyzer，数字微分分析仪）算法和 Bresenham 算法。

1. DDA 算法

　　DDA 算法是一种基于直线方程的直接绘制方法。它根据直线的数学公式，通过计算直线在 x 轴和 y 轴上的增量（dx 和 dy），通过逐步迭代来绘制直线。在每一步迭代中，算法根据当前位置和增量来确定下一个像素的位置，并更新当前位置。DDA 算法简单直观，适用于绘制斜率较为平缓的直线。然而，由于它依赖于浮点运算，因此在某些硬件上实现效率较低。

　　下面是使用 DDA 算法绘制直线的示例代码：

```
def DDA(x0, y0, x1, y1):
# 初始化起点和终点
X = float(x0)
Y = float(y0)
# 计算 x 和 y 的增量
dx = float(x1 - x0)
dy = float(y1 - y0)

# 确定步长,选择 dx 和 dy 中较大的绝对值
steps = max(abs(int(dx)), abs(int(dy)))

# 计算单位增量
Xinc = float(dx / steps)
Yinc = float(dy / steps)

# 存储直线上的点
points = []

# DDA 算法主循环
for _ in range(steps + 1):
    # 四舍五入到最接近的整数,因为方格坐标必须是整数
    X_discrete = round(X)
    Y_discrete = round(Y)

    # 存储当前点
    points.append((X_discrete, Y_discrete))

    # 更新 x 和 y 坐标
    X += Xinc
    Y += Yinc
    print(X)

    return points
```

最后，用下面代码所示的可视化方式展示，可得到如图 2-2 所示的结果。

```
def plot_line_with_filled_squares(points, ax, color= 'blue'):
```

```
    # 绘制直线上的填充方格
    for x, y in points:
        rect = patches.Rectangle((x - 0.5, y - 0.5), 1, 1, linewidth= 1, edgecolor= color,
            facecolor= color)
        ax.add_patch(rect)

    # 设置坐标轴范围
    ax.set_xlim(min(x - 0.5 for x, y in points) - 0.5, max(x + 0.5 for x, y in points) + 0.5)
    ax.set_ylim(min(y - 0.5 for x, y in points) - 0.5, max(y + 0.5 for x, y in points) + 0.5)

    # 设置坐标轴比例相等,以便直线显示正确
    ax.set_aspect('equal', adjustable= 'box')

# 定义直线的起点和终点
x0, y0 = 0, 0
x1, y1 = 32, 48

# 使用 DDA 算法计算直线上的点
line_points = DDA(x0, y0, x1, y1)

# 创建图形和子图
fig, ax = plt.subplots()

# 使用 matplotlib 绘制直线上的填充方格
plot_line_with_filled_squares(line_points, ax, color= 'lightblue')

# 显示图形
    plt.show()
```

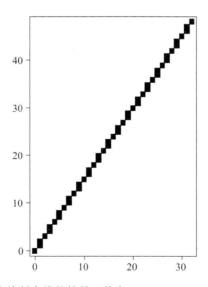

图 2-2　使用 DDA 算法绘制直线的结果（其中 x0 = 0，y0 = 0，x1 = 32，y1 = 48）

2. Bresenham 算法

Bresenham 算法是一种广泛使用的直线绘制算法，以高效性和简洁性而著称。该

算法通过决策参数（Decision Parameter）来确定在每一步迭代中应该沿哪个方向移动。它避免了浮点运算，仅使用整数运算和条件判断，因而提高了绘制速度。Bresenham 算法特别适用于固定点运算和实时图形绘制。不过，它在处理斜率接近垂直或水平的直线时稍显复杂。该算法具有很好的推广性，将算法中的直线方程改为圆或其他曲线方程后同样适用，可用于显示圆和其他曲线。当直线段斜率 $|m| < 1$ 时，Bresenham 算法的流程如下：

1) 输入线段的两个端点，将左端点存储在起点 (x_0, y_0) 中。

2) 将 (x_0, y_0) 装入帧缓存，画出第一个点。

3) 计算决策参数的第一个值。

4) 从 $k = 0$ 开始，在沿线路径上进行决策参数检测。

5) 重复步骤 4，共 $(x_1 - x_0)$ 次。

下面是 Bresenham 绘制直线算法的示例代码：

```python
def bresenham_line(x0, y0, x1, y1):
    # 初始化变量
    points = []
    dx = abs(x1 - x0)
    dy = abs(y1 - y0)
    sx = -1 if x0 > x1 else 1
    sy = -1 if y0 > y1 else 1
    if dx > dy:
        err = dx / 2.0
        while x0 != x1:
            points.append((x0, y0))
            err -= dy
            if err < 0:
                y0 += sy
                err += dx
            x0 += sx
    else:
        err = dy / 2.0
        while y0 != y1:
            points.append((x0, y0))
            err -= dx
            if err < 0:
                x0 += sx
                err += dy
            y0 += sy
    points.append((x0, y0))    # 添加终点
    return points
```

虽然 DDA 算法和 Bresenham 算法在大多数情况下都能生成接近的直线，但由于它们的实现方式不同，生成的线条在某些细节上可能存在差异。在生成直线时，

DDA 算法与 Bresenham 算法可能会因为以下情况产生不同的结果：

1）**斜率与精度**：当直线的斜率接近垂直或水平时，两种算法可能会有不同的表现。DDA 算法通过计算微分关系来确定像素位置，Bresenham 算法则基于决策参数来决定像素点的位置。不同的处理方式可能导致在特定斜率下，两种算法生成的线条在细节上有所不同。

2）**浮点运算与整数运算**：DDA 算法涉及浮点运算，而 Bresenham 算法则主要使用整数运算。浮点运算可能引入舍入误差，这会导致 DDA 算法在某些情况下生成的线条略有偏差。Bresenham 算法则通过整数运算避免了这种误差，但其结果可能因整数舍入而略有不同。

3）**算法优化与实现差异**：不同的实现方式或优化策略也可能导致两种算法生成不同的线条。例如，对于 DDA 算法，不同的实现可能会采用不同的方法来处理浮点数的精度问题；对于 Bresenham 算法，不同的实现可能会采用不同的决策规则或优化手段来提高效率。

总的来说，由于 DDA 算法与 Bresenham 算法采用不同的原理和方法，因此在特定情况下可能会产生不同的结果。具体选择哪种算法取决于应用的需求，例如对线条质量、计算效率以及实现复杂度的要求等。

2.1.3　直线绘制算法的比较与优化

不同的直线绘制算法各有优势和特点，选择合适的算法对于提高绘制效率和质量至关重要。本节将对 DDA 算法和 Bresenham 算法进行性能比较，并探讨算法的优化策略。这些策略不仅能够帮助我们深入理解这些算法的内在机制，更能为优化算法设计和实现（不仅限于直线绘制）提供思路上的启发。

1. 算法的效率与精度比较

1）**DDA 算法**：在绘制效率方面，DDA 算法需要进行浮点数加法和取整运算，这增加了计算的复杂性，特别是在处理大量数据时可能导致性能下降。此外，浮点运算可能引入一定的精度误差。

2）**Bresenham 算法**：Bresenham 算法通过整数运算和条件判断来避免浮点运算，从而提高了绘制效率。它特别适用于实时图形绘制和固定点运算。然而，在处理接近垂直或水平的直线时，可能需要考虑额外的因素。

2. 算法优化策略

1）减少浮点运算：对于涉及浮点运算的算法（如 DDA 算法），可以通过近似计算或整数运算来减少浮点运算的次数，从而提高绘制效率。

2）预计算和查找表：对于某些算法，可以通过预计算或构建查找表来减少实时计算量。例如，可以预先计算不同斜率下的决策参数或增量值，并在绘制过程中直接查找使用。

3）并行化处理：利用现代计算机的多核处理器或图形处理器（Graphics Processing Unit，GPU）进行并行化处理，可以显著提高绘制速度。通过将绘制任务分解为多个子任务，然后并行执行，可以充分利用计算资源，提高整体性能。

4）自适应算法选择：根据直线的特性（如斜率、长度等）和应用场景的需求，可以动态地选择合适的绘制算法。例如，在处理接近垂直或水平的直线时，可以选择更高效的算法来避免不必要的计算开销。

2.2   图形裁剪

在计算机图形学中，图形裁剪（Clipping）是一个重要的环节。它涉及如何有效地将图形限制在特定的区域内，以适应不同的显示窗口或输出设备。图形裁剪不仅对于二维图形处理至关重要，在三维图形渲染中也具有不可或缺的作用。通过裁剪，可以确保图形内容在呈现时既符合视觉要求，又满足实际应用的需求。

在实际应用中，图形裁剪具有广泛的应用场景。例如，在二维图形编辑软件中，用户需要将图像裁剪为特定形状或尺寸，以适应不同的应用场景；在三维游戏开发中，图形裁剪可用于实现视锥体裁剪、遮挡剔除等效果，以提高渲染效率和视觉体验。此外，在地理信息系统、虚拟现实、增强现实等领域，图形裁剪也发挥着重要作用。

然而，图形裁剪并非一个简单的任务，需要考虑图形的几何特性、显示窗口的限制以及裁剪算法的效率等方面。在本节中，我们将详细介绍图形裁剪的基本原理、常用算法以及优化策略。我们将从二维图形裁剪入手，逐步引入三维图形裁剪的概念和方法。通过本节的学习，读者应能够掌握图形裁剪的核心技术，并在实际工作中灵活运用这些技术。

2.2.1   图形裁剪的基本概念

在计算机图形学中，图形裁剪涉及图形对象与显示区域或视口之间的空间关系处理。图形裁剪的主要目的是确保只有位于指定区域内的图形部分被绘制或渲染出来，从而优化图形输出，提高视觉体验。

1. 图形裁剪的定义与目的

图形裁剪是指根据一定的规则或条件对图形进行切割或去除部分内容的操作。在计算机图形学中，图形裁剪通常要对图形对象进行空间上的限制，使其符合特定的显示窗口或视口的要求。图形裁剪操作能够确保图形在显示时不会超出预定的边界，从而避免图形内容的溢出或错位。图形裁剪的主要目的如下：

1) **优化图形输出**：通过图形裁剪，可以去除图形中不必要的部分，只保留关键信息，从而简化图形内容，提高输出质量。

2) **提高渲染效率**：图形裁剪能够减少需要处理的图形数据量，降低渲染计算的复杂度，提高渲染的速度和效率。

3) **增强视觉效果**：通过精确控制图形的显示范围，裁剪能够实现更美观、更符合视觉要求的图形呈现效果。

2. 裁剪窗口与视口的定义

在图形裁剪过程中，涉及两个重要的概念：**裁剪窗口**和**视口**。

1) **裁剪窗口**（Clip Window）是一个定义在二维或三维空间中的矩形或立方体区域，用于指定图形对象需要进行裁剪的范围。裁剪窗口的边界定义了图形对象的哪些部分应该被保留，哪些部分应该被去除。当图形对象与裁剪窗口相交时，位于窗口外部的部分将被裁剪掉，位于窗口内部的部分则会被保留下来。

2) **视口**（Viewport）是图形输出设备上的一个显示区域，用于呈现经过裁剪处理后的图形内容。视口的大小和位置通常与显示设备的物理特性匹配，它决定了图形在屏幕上的最终呈现效果。视口内的图形内容是经过裁剪和变换后得到的，它反映了图形对象在裁剪窗口内的相对位置和大小关系。

裁剪窗口和视口之间的关系是图形裁剪操作的关键。裁剪窗口定义了进行图形裁剪的空间范围，而视口则定义了裁剪后图形的输出位置。通过调整裁剪窗口和视口的大小、位置和比例关系，可以实现不同的裁剪效果和视觉呈现效果。

在实际应用中，裁剪窗口和视口的设置需要根据具体的应用场景和需求进行灵活调整。例如，在二维图形编辑软件中，用户可以通过交互方式定义裁剪窗口的大小和位置，以便对图像进行精确的裁剪操作。在三维游戏开发中，裁剪窗口和视口的设置则需要考虑到摄像机的位置、角度和视场角等因素，以实现更加逼真的视觉体验。

2.2.2　直线裁剪算法

直线裁剪算法是处理直线与裁剪窗口之间关系的重要工具，它决定了哪些直线段部分应该被保留并显示在最终的图形中。Cohen-Sutherland 算法、Nicholl-Lee-Nicholl 算法、Liang-Barsky 算法是三种常用的直线裁剪算法，它们具有不同的特点和适用场景。

1. Cohen-Sutherland 算法

Cohen-Sutherland 算法，也被称为编码裁剪算法，它通过为直线的两个端点分配四位二进制区域编码来判断直线与裁剪窗口的关系。这些编码基于直线端点相对于窗口边界的位置来生成，每一位代表一个边界（上、下、右、左）。编码规则如图 2-3 所示。

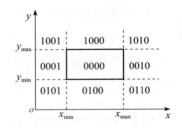

图 2-3　Cohen-Sutherland 算法的编码规则

如果线段两个端点的编码都是 0000，则直线完全在窗口内，无须裁剪。当线段两个端点的编码的逻辑"与"非零时，线段为显然不可见的。如果直线的一部分在窗口内，另一部分在窗口外，则算法会找到直线与窗口边界的交点，并使用这些交点来更新直线的端点，然后重复上述过程，直到所有可见部分都被确定。该算法可扩展用于三维裁剪。

Cohen-Sutherland 算法的实现步骤如下：

1）判别线段的两端点是否都落在窗口内，如果是，则线段完全可见，否则进入第 2 步。

2）判别线段是否为显然不可见，如果是，则裁剪结束，否则进行第三步。

3）求线段与窗口边延长线的交点，这个交点将线段分为两段，其中一段为显然不可见，将其丢弃。对余下的一段重新执行第 1 步、第 2 步的判断。

下面是 Cohen-Sutherland 算法的示例代码。

```
def cohen_sutherland_clip(x1, y1, x2, y2, xmin, ymin, xmax, ymax):
    # 定义四个区域的编码
    CODES = {
```

```python
    "top": 1,
    "bottom": 2,
    "right": 4,
    "left": 8
}

# 计算端点的编码
def compute_code(x, y):
    code = 0
    if x < xmin:
        code |= CODES["left"]
    elif x > xmax:
        code |= CODES["right"]
    if y < ymin:
        code |= CODES["bottom"]
    elif y > ymax:
        code |= CODES["top"]
    return code

# 初始化
code1 = compute_code(x1, y1)
code2 = compute_code(x2, y2)
accept = False

while True:
    # 如果两个端点都在窗口内,则接受线段
    if code1 == 0 and code2 == 0:
        accept = True
        break
    # 如果两个端点都在窗口外,且不在同一侧,则丢弃线段
    elif (code1 & code2) != 0:
        break
    else:
        # 否则,裁剪线段
        # 选择离窗口最近的点进行裁剪
        x, y = None, None
        if code1 != 0:
            code_out = code1
        else:
            code_out = code2

        # 根据编码确定裁剪点的位置
        if code_out & CODES["top"]:
            x = x1 + (x2 - x1) * (ymax - y1) / (y2 - y1)
            y = ymax
        elif code_out & CODES["bottom"]:
            x = x1 + (x2 - x1) * (ymin - y1) / (y2 - y1)
            y = ymin
        elif code_out & CODES["right"]:
            y = y1 + (y2 - y1) * (xmax - x1) / (x2 - x1)
            x = xmax
        elif code_out & CODES["left"]:
            y = y1 + (y2 - y1) * (xmin - x1) / (x2 - x1)
```

```
            x = xmin

        # 更新端点的坐标和编码
        if code_out = = code1:
            x1, y1 = x, y
            code1 = compute_code(x1, y1)
        else:
            x2, y2 = x, y
            code2 = compute_code(x2, y2)

    # 返回裁剪后的线段(如果存在)
    if accept:
        return (x1, y1, x2, y2)
    else:
        return None

# 示例
xmin, ymin, xmax, ymax = 0, 0, 100, 100      # 假设裁剪窗口为 [0, 0] 到 [100, 100]
x1, y1, x2, y2 = 20, 20, 120, 80             # 要裁剪的线段
clipped_line = cohen_sutherland_clip(x1, y1, x2, y2, xmin, ymin, xmax, ymax)
if clipped_line:
    print(f"Clipped line: ({clipped_line[0]}, {clipped_line[1]}) to ({clipped_line[2]},
        {clipped_line[3]})")
else:
    print("Line is completely outside the clipping window.")

# 输出:Clipped line: (20, 20) to (100, 68.0)
```

Cohen-Sutherland 算法的优点是，它利用编码的思想，可以快速接受和拒绝完全可见或显然不可见的直线段，这在处理大部分线段要么完全可见要么显然不可见的情况时特别有效。然而，当直线段部分可见时，该算法需要计算直线与窗口边界的交点，这会涉及大量的乘除运算，导致执行效率降低。

2. Nicholl-Lee-Nicholl 算法

Nicholl-Lee-Nicholl 算法（简称 NLN 算法）通过在裁剪窗口边界创立多个区域，避免了对一条直线段进行多次裁剪，即在求交以前进行更多的区域测试，从而减少求交运算。该算法只应用于二维裁剪。

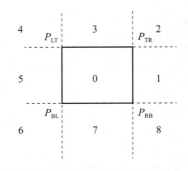

如图 2-4 所示，窗口四边所在的直线将二维平面划分成 9 个区域。假定待裁剪直线段的起点 P_0 落在 0、4、5 区域。

图 2-4   NLN 算法中的区域划分

从 P_0 点向窗口的四个角点发出射线，这四条射线和窗口的四条边所在的直线一起将二维平面划分为更多的小区域（共有四类情况，如图 2-5 所示）。

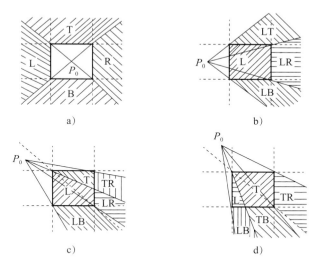

图 2-5　NLN 算法中的小区域划分

通过比较待裁剪直线段的斜率和裁剪区域边界的斜率，可以确定该直线段的终点 P_1 所在的区域。最后，通过求 P_0P_1 与所在区域对应的窗口边的交点，就可以确定 P_0P_1 的可见部分。

3. Liang-Barsky 算法

已有的快速线段裁剪算法都在计算交点以前进行了更多的测试。Liang 和 Barsky 分别提出了参数线裁剪的算法。

该算法首先将直线表示为参数方程的形式，然后通过比较直线与裁剪窗口的边界来确定直线的可见部分。算法将待裁剪直线视为有向直线，将直线与裁剪窗口边界所在直线的交点分为入点 (S_1, S_2) 和出点 (S_3, S_4)。记 S_i 的参数为 $us_i (i=1,2,3,4)$。记 $u1$ 为 us_i、us_i 和 0 的最大值，$u2$ 为 us_3、us_4 和 1 的最小值。若 $u1 > u2$，则直线与裁剪窗口的交为空；若 $u1 < u2$，则直线与裁剪窗口有交，交点分别为 $u1$ 和 $u2$ 对应的交点。接着，算法计算直线与窗口边界的交点参数，这些参数用于确定直线段在窗口内的可见部分。最后，算法根据这些参数裁剪直线段，只保留在窗口内的部分。

Liang-Barsky 算法的优点在于利用了参数化表示，能够精确地确定直线与裁剪窗口的边界关系，从而得到准确的裁剪结果。此外，该算法在处理具有方向的直线段时特别有效，因为它直接利用直线的参数方程进行计算。然而，与 Cohen-Sutherland

算法相比，Liang-Barsky 算法的计算复杂度更高。

下面是 Liang-Barsky 算法的示例代码：

```python
def liang_barsky_clip(x1, y1, x2, y2, xmin, ymin, xmax, ymax):
    dx = x2 - x1
    dy = y2 - y1
    p = [- dx, dx, - dy, dy]
    q = [x1 - xmin, xmax - x1, y1 - ymin, ymax - y1]
    u1 = 0.0
    u2 = 1.0
    for i in range(4):
        if p[i] == 0.0:
            if q[i] < 0.0:
                return None                # 线段完全在裁剪区域外
        else:
            t = q[i] / p[i]
            if p[i] < 0:
                if t > u2:
                    return None            # 线段完全在裁剪区域外
                elif t > u1:
                    u1 = t
            else:
                if t < u1:
                    return None            # 线段完全在裁剪区域外
                elif t < u2:
                    u2 = t
    if u1 > 0.0 or u2 < 1.0:
        # 如果 u1 或 u2 不等于 0 或 1,则需要重新计算裁剪后的线段
        x1 = x1 + dx * u1
        y1 = y1 + dy * u1
        x2 = x1 + dx * (u2 - u1)
        y2 = y1 + dy * (u2 - u1)
    return (x1, y1, x2, y2)

# 测试代码
x1, y1 = 20, 20
x2, y2 = 120, 80
xmin, ymin = 0, 0
xmax, ymax = 100, 100

clipped_line = liang_barsky_clip(x1, y1, x2, y2, xmin, ymin, xmax, ymax)
if clipped_line is not None:
    print(f"Clipped line: ({clipped_line[0]}, {clipped_line[1]}) to ({clipped_line[2]},
        {clipped_line[3]})")
else:
    print("Line is completely outside the clipping rectangle.")

# 输出:
# Clipped line: (20.0, 20.0) to (100.0, 68.0)
```

在实际应用中，选择使用哪种裁剪算法取决于具体的需求和场景。例如，在处理

大量线段且大部分线段要么完全可见要么完全不可见时，选择 Cohen-Sutherland 算法更合适；而在需要精确计算直线与裁剪窗口边界关系的情况下，Liang-Barsky 算法更适用。

2.2.3 多边形裁剪算法

在计算机图形学中，多边形裁剪算法是用来确定多边形与裁剪窗口之间交集的关键技术。这类算法在图形渲染、计算机辅助设计、地理信息系统等领域有着广泛的应用。Sutherland-Hodgman 算法和 Weiler-Atherton 算法是两种常见的多边形裁剪算法，本节将介绍这两种算法的原理、特点和适用场景。

1. Sutherland-Hodgman 算法

Sutherland-Hodgman 算法是一种高效且广泛使用的多边形裁剪算法。该算法基于"分而治之"的思想，通过一系列步骤来确定多边形与裁剪窗口的交集。算法的总体策略是顺序地将多边形每条边的一对顶点送给一组裁剪器（左、右、下、上）。一个裁剪器完成一条边的处理后，该边裁剪后留下的坐标值送给下一个裁剪器。

首先，算法对原始多边形的边进行预处理，将边分解为平行的边和垂直的边。这一步是为了方便后续的计算和裁剪操作。接下来，算法进入裁剪阶段。在这个阶段，算法逐一考虑多边形的每条边，计算其与裁剪窗口侧界的交点，具体规则如图 2-6 所示。这些交点将被用于确定多边形与裁剪窗口的交集部分。最后，算法进行后处理，对裁剪结果进行校正，以确保裁剪后的多边形与原始多边形在视觉上保持一致。

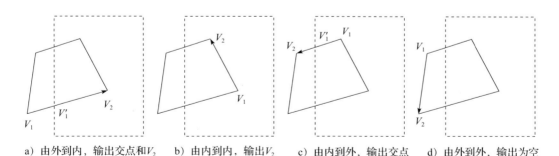

a) 由外到内，输出交点和V_2　　b) 由内到内，输出V_2　　c) 由内到外，输出交点　　d) 由外到外，输出为空

图 2-6　Sutherland-Hodgman 算法中用裁剪边界对多边形的边裁剪时的四种情况

可见，Sutherland-Hodgman 算法采取逐边裁剪、两次分解的方式。第一次分解将多边形关于矩形窗口的裁剪分解为多边形关于窗口四条边所在直线的裁剪；第二次分解将多边形关于一条直线的裁剪分解为多边形各边关于该直线的裁剪。该算法可以

用于任意凸多边形窗口的裁剪。

下面是 Sutherland-Hodgman 算法的示例代码：

```python
def sutherland_hodgman(subject_polygon, clip_polygon):
    output_list = subject_polygon
    inside = True
    for clip_edge in clip_polygon:
        input_list = output_list
        output_list = []
        S = input_list[- 1]
        for E in input_list:
            newS = None
            if inside:
                if compute_orientation(clip_edge[0], clip_edge[1], S) != compute_orientation
                    (clip_edge[0], clip_edge[1], E):
                    newS = intersect(clip_edge, S, E)
            else:
                if compute_orientation(clip_edge[0], clip_edge[1], S) != compute_orientation
                    (clip_edge[0], clip_edge[1], E):
                    output_list.append(E)
                if on_segment(clip_edge[0], S, E):
                    output_list.append(S)
            if newS is not None:
                output_list.append(newS)
            S = E
        if (inside and compute_orientation(clip_edge[0], clip_edge[1], S) = = 2) or \
            (not inside and compute_orientation(clip_edge[0], clip_edge[1], S) != 2):
            output_list.append(S)
        inside = not inside
    return output_list
```

Sutherland-Hodgman 算法的优势在于其高效性和通用性。它只需要 $O(n)$ 的时间复杂度即可完成裁剪，其中 n 为多边形的边数。此外，该算法能够处理任意凸多边形或凹多边形，并且裁剪窗口不限于矩形，可以是任意凸多边形。这使得 Sutherland-Hodgman 算法在多种场景下都具有出色的性能。

然而，值得注意的是，Sutherland-Hodgman 算法在裁剪凹多边形时，可能显示一条多余的直线，原因是该算法只有一个输出顶点队列。可能的改进方法如下：

1）将凹多边形分解为两个或者更多个的凸多边形。

2）将输出顶点队列分为两个或多个。

3）使用更一般的凹多边形裁剪算法。

2. Weiler-Atherton 算法

Weiler-Atherton 算法是一种通用的多边形裁剪算法，可用于裁剪凸多边形或凹多边形，而且裁剪窗口可为任意多边形（如图 2-7 所示）。与 Sutherland-Hodgman 算法相比，Weiler-Atherton 算法采用了不同的裁剪策略。

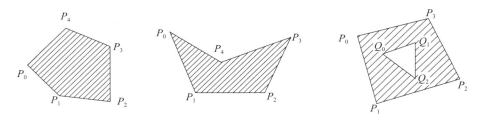

图 2-7 Weiler-Atherton 算法适用的裁剪窗口情形

该算法基于射线追踪的方法来确定多边形与裁剪窗口之间的相对位置关系。首先，算法将两个多边形的边界点按照顺时针或逆时针的顺序存储起来，并初始化一个空的交点列表。然后，算法遍历多边形的每条边，利用直线和线段相交的算法来确定它们是否相交，并计算相交点的坐标。这些交点将被用于构建新的多边形。接下来，算法对交点进行排序，并将排序后的交点列表添加到原始点序列中。这一步是为了确保新构建的多边形在拓扑结构上与原始多边形保持一致。最后，算法根据排序后的交点列表构建新的多边形，并填充其内部颜色。这样，就得到了裁剪后的多边形。具体算法步骤如下（以逆时针的多边形填充区域为例）：

1）按逆时针处理多边形填充区，直到一对内-外顶点与边界相遇（出点）。

2）在窗口边界上从出交点沿逆时针到达另一个多边形的交点。如果该点是处理边的点，则进行下一步；如果是新交点，则继续按逆时针处理多边形，直到遇见已处理的顶点。

3）形成裁剪后该区域的顶点队列。

4）回到出交点并继续按逆时针处理多边形的边。

Weiler-Atherton 算法可使用任意多边形窗口来处理任意多边形填充区。该算法的优点在于能够处理凹多边形而不留下任何多余直线，这使得它在处理复杂多边形时具有更高的准确性。此外，该算法能高效地计算多边形的交集，适用于裁剪线段、曲线等几何对象。然而，Weiler-Atherton 算法在处理多边形自交（Self-intersecting Polygon）时可能无法给出正确的结果，这是因为自交多边形的拓扑结构比较复杂，算法在确定交点和构建新多边形时可能出现错误。

2.3　填充

在计算机图形学中，填充是一种重要的技术，用于在二维平面上绘制封闭图形并填充其内部区域。通过对封闭图形的填充，我们可以为图形添加颜色、纹理或其他视觉效果，从而增强图形的表达力和视觉吸引力（参见图 2-8）。

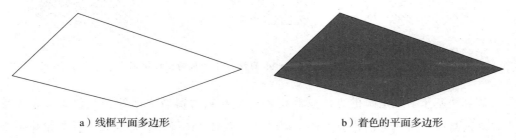

a）线框平面多边形　　　　　　　　　　　b）着色的平面多边形

图 2-8　填充的示意图

填充算法的核心思想是根据给定的边界条件，确定封闭图形的内部区域，并对该内部区域进行遍历和填充。不同的填充算法在填充效率、准确性以及适用场景上有所不同。例如，简单的扫描线填充算法通过逐行扫描并判断像素是否位于图形内部来实现填充；更复杂的区域生长算法则通过设定种子点，并根据一定的生长规则来逐步扩展填充区域。

在本节中，我们将介绍几种常见的填充算法，包括算法基本原理、实现步骤以及优缺点。同时，我们还将探讨这些算法在实际应用中的性能表现，并讨论如何根据具体需求选择合适的填充算法。此外，我们还将关注填充算法的优化策略，以提高填充的效率和质量，为相关领域的研究和应用提供有益的参考。

2.3.1　扫描线填充算法

扫描线填充算法是一种用于填充多边形内部区域的算法。它的基本思想是利用一组水平或垂直的扫描线，按照一定的顺序（通常是从上到下或从下到上）扫描多边形，并确定扫描线与多边形边界的交点。一旦这些交点被确定，算法就会在这些交点之间绘制线段，以填充多边形内部区域。通过这种方式，算法就能够逐步填充整个多边形区域。

扫描线填充算法充分利用了相邻像素之间的连贯性，避免了对像素的逐点判断和求交运算，从而提高了算法效率。这里的连贯性包括区域连贯性、扫描线连贯性及边的连贯性。区域连贯性指多边形定义的区域内部相邻的像素具有相同的性质（比如，具有相同的颜色等）。扫描线连贯性是区域连贯性在一条扫描线上的反映。边的连贯性则是直线的线性性质在光栅上的表现。

扫描线填充算法的实现步骤如下：

1）**初始化**：确定扫描线的起始位置和方向（水平或垂直）。同时，初始化一个空的活动边表（Active Edge Table，AET），用于存储与当前扫描线相交的边。

2）**求交**：计算当前扫描线与多边形各边的交点。这通常涉及线段与扫描线的位置关系判断以及交点坐标的计算。

3）**交点排序**：将计算出的交点按照它们在扫描线上的 x 坐标进行排序。排序的目的是确保在填充时能够按照正确的顺序连接交点。

4）**颜色填充**：根据排序后的交点，将相邻的交点两两配对，并在两点之间绘制线段。线段的颜色即为要填充的颜色。这个过程会填充扫描线与多边形边界之间的区域。

5）**更新活动边表**：根据当前扫描线与多边形的交点情况，更新活动边表。将不再与下一条扫描线相交的边从活动边表中移除，同时加入新的相交边。

6）**判断处理是否完成**：检查所有的扫描线是否都已处理完毕。如果是，则算法结束；否则，移动扫描线到下一个位置，并返回步骤 2 继续处理。

扫描线填充算法的关键在于有效地管理和更新活动边表，以及快速、准确地计算扫描线与多边形边的交点。通过优化这些步骤，可以提高算法的效率和稳定性。此外，算法还需要考虑一些特殊情况，如交点恰好是多边形顶点的情况，以确保填充结果的正确性和美观性。

扫描线填充算法充分利用了多边形的区域连贯性、扫描线连贯性和边的连贯性，避免了大量的求交运算，提高了填充效率。然而，该算法的数据结构和程序结构复杂，对各种表进行维护和排序的开销很大，不适合硬件实现。

2.3.2 种子填充算法

种子填充算法又称为边界填充算法，该算法的基本思想是从多边形区域的一个内部点（种子点）开始，由内向外逐步扩展，用指定的颜色填充像素，直到遇到边界为止。在填充过程中，算法会根据当前像素的颜色或属性，以及与相邻像素的关系，来确定是否继续填充。通过这种方式，算法能够确保只填充多边形的内部区域，而不填充边界外的部分。

种子填充算法的实现步骤如下：

1）**选择种子像素**：在多边形区域内选择一个点作为种子像素。这个种子像素通常是多边形内部的一个点，可以手动选择，也可以使用自动化方法确定。

2）**初始化**：将所有像素标记为未填充状态，并将种子像素标记为已填充状态。同时，设置填充颜色为指定颜色。

3）**检查相邻像素**：从种子像素开始，检查其相邻像素（通常是上、下、左、右四个方向，也可以扩展到八个方向）。如果相邻像素未被填充且满足填充条件（如颜色与边界不同），则将相邻像素标记为已填充状态，并加入待处理像素列表中。

4）**递归填充**：从待处理像素列表中取出一个像素，重复步骤3，检查其相邻像素并进行填充，直到待处理像素列表为空。

5）**结束条件**：当待处理像素列表为空时，说明整个多边形内部区域已经填充完毕，算法结束。

种子填充算法又可以分为泛滥填充算法和边界填充算法。前者从种子点开始，将所有四连通或八连通区域内某种指定颜色的像素都替换成填充色，而不强调区域的边界。后者强调边界的存在，只要是边界内部的像素，均要替换为填充色。两种算法的本质相同，都是通过搜索和递归实现区域填充，主要区别在于递归的结束条件不同。

需要注意的是，种子填充算法在实现时需要考虑一些特殊情况，如多边形内部存在空洞或凹陷的情况，以及边界像素的处理。此外，为了提高算法的效率，可以采用一些优化技巧，如并行化处理、多种子分割等。

种子填充算法在计算机图形学、图像处理等领域具有广泛的应用，它能够精确地实现多边形内部填充，并可以与其他算法结合使用，以实现更复杂的图形处理任务。

2.4　消隐

消隐是指消除图形绘制过程中由于投影变换失去深度信息而导致的图形二义性。这种二义性表现为在绘制过程中，可见和不可见的线或面被同时显示出来，使得视觉效果出现多重含义或模棱两可。因此，消隐的核心目标是在绘制时消除被遮挡的不可见的线或面，即消除隐藏线和隐藏面，以呈现更加清晰、准确的图形。

消隐的作用是确保图形的真实感和准确性。通过消除隐藏的部分，我们能够得到反映物体真实几何形状和相对位置关系的图形，从而增强图形的可读性和可理解性。这不仅在二维图形绘制中具有重要意义，在三维图形渲染和计算机视觉等领域同样至关重要。

2.4.1 消隐的分类与基本方法

消隐可以从消隐对象和消隐空间两个维度进行分类。从消隐对象的角度来看，消隐可以分为线消隐和面消隐。线消隐主要关注物体上不可见的轮廓线，通过消除这些线，可以使图形的输出更加清晰，减少视觉上的混淆。面消隐则关注物体上不可见的表面，通过消除这些表面，可以使图形的输出更加真实，符合人眼的视觉习惯。

从消隐空间的角度来看，消隐可以分为物体空间消隐和图像空间消隐。物体空间消隐是在物体所在的三维空间中进行的，通过分析物体之间的空间几何关系来确定物体的可见性。这种方法常用于处理复杂的场景，可以精确地确定物体的遮挡关系。图像空间消隐则是在屏幕空间中进行的，通过分析屏幕中的每个像素，确定哪些表面在该像素可见。这种方法更适合处理大规模的场景，具有较高的处理效率。

在消隐的基本方法上，主要依赖于排序和连贯性两个原则。排序原则主要是指通过判别消隐对象的体、面、边、点与观察点几何距离的远近，确定遮挡关系。连贯性原则则是指根据物体属性的平缓过渡性质，判断哪些面是朝前的可见面，哪些面是朝后的不可见面。

2.4.2 画家算法

画家算法，也被称为深度优先级表法，是一种解决图形渲染中可见性问题的深度排序算法。它的核心思想是将场景中的多边形根据其与观察点的远近进行优先级排序，离观察点远的多边形优先级高，而离观察点近的多边形优先级低。排序的结果存放在一个线性表中，称为深度优先级表。然后，算法按照从高优先级到低优先级的顺序逐个绘制多边形。由于后绘制的图形会覆盖先绘制的图形，从而能够确保近的物体覆盖远的物体，最终在屏幕上产生正确的遮挡关系。这种处理方式与画家作画的过程相似，先从远景开始绘制，再绘制中景，最后绘制近景。

画家算法的具体实现步骤如下：

1）**初始化**：将屏幕设置为背景色。

2）**排序**：对场景中的物体进行排序，即根据物体离观察点的远近，将物体放入深度优先级表中。离观察点远的物体优先级高，放在表头；离观察点近的物体优先级低，放在表尾。

3）**绘制**：按照深度优先级表的顺序，逐个取出物体，并将其投影到屏幕上，显示其包含的实心区域。由于后绘制的物体将覆盖先绘制的物体，所以最终能在屏幕上形成正确的遮挡关系。

画家算法通过按照深度排序并逐个绘制物体，可以有效地解决场景中物体的可见性问题。但是，画家算法存在如下不足之处：

1）**无法处理相互重叠的多边形**：在复杂场景中，当多边形互相重叠时，画家算法无法确定哪个多边形在上面、哪个多边形在下面，导致绘制结果不准确。

2）**资源浪费**：画家算法在绘制过程中，每个物体都会被完整地绘制，即使某些部分最终不会被显示在屏幕上，这会导致计算资源的浪费。

3）**效率问题**：在一些实现中，画家算法的效率较低，因为它需要对场景中的每个物体进行排序和绘制，这可能会增加计算负担。

2.4.3　Z-Buffer 算法

Z-Buffer 算法是一种用于实现 3D 图形渲染的算法。算法的基本思想是通过维护一个 Z 缓冲区来存储每个像素的深度值，并根据这些深度值来判断哪些物体在渲染结果中显示在前、哪些显示在后。这样，就能够正确处理不同物体之间的遮挡关系，实现三维场景的渲染。

以下是 Z-Buffer 算法的实现步骤：

1）**初始化 Z 缓冲区**：在渲染开始之前，将 Z 缓冲区的所有像素值设为最大值，通常是一个表示"无穷远"的深度值。

2）**开始绘制场景**：对于场景中的每个物体，计算其中每个像素在视平面上的坐标和深度值。

3）**深度比较与更新**：对于每个像素，将其深度值与 Z 缓冲区中相应位置的值进行比较。如果当前像素的深度值小于 Z 缓冲区中的值，说明当前物体离观察点更近，应该被显示，于是更新 Z 缓冲区的值，并将当前像素的颜色值存入帧缓冲区。

4）**重复绘制过程**：继续绘制场景中的其他物体，重复步骤 2 和 3，直到整个场景绘制完成。

Z-Buffer 算法能够准确地判断不同物体之间的遮挡关系，并正确地渲染出被遮挡的部分。该算法的计算过程相对简单，并且适合并行化，因此便于在 GPU 等硬件上实现。然而，Z-Buffer 算法需要一个额外的 Z 缓冲区来存储每个像素的深度值，这增加了存储空间的需求。此外，Z-Buffer 算法的计算量较大。对于每个物体占据的每个像素，都需要计算其深度值并与 Z 缓冲区中的值进行比较，这会导致计算量较大，特别是在处理复杂场景时。

2.4.4 扫描线消隐算法

扫描线消隐算法是另一种重要的三维图形渲染技术，该算法的核心思想是将三维图形的消隐问题转化为一系列对二维扫描线的处理。

扫描线消隐算法的基本步骤包括：

1）**初始化**：设定扫描线的起始和结束位置，以及相关的数据结构，如多边形表和边表。

2）**扫描线处理**：对于每一条扫描线，算法会检查与多边形投影的交点，并记录这些交点。交点成对出现，表示扫描线与多边形的进入点和退出点。

3）**深度计算和比较**：对于交点之间的每个像素，算法计算多边形所在平面对应点的深度值（即 Z 值），并与 Z 缓冲区中相应单元存放的深度值进行比较。如果计算出的深度值大于 Z 缓冲区中的值，则更新 Z 缓冲区和帧缓冲区的内容。

4）**重复处理**：重复上述步骤，直到所有扫描线都被处理完毕为止。

扫描线消隐算法通过将三维问题转化为二维问题，减少了需要处理的数据量，从而提高了效率。在处理连续的扫描线时，算法可以利用多边形和扫描线之间的连贯性，进一步减少计算量。但是，扫描线消隐算法可能存在冗余计算。对于被多个多边形覆盖的像素，可能需要多次计算深度值。此外，该算法在处理复杂场景时效率会下降。比如，当场景中的多边形数量庞大且分布复杂时，扫描线算法的效率会受到影响。

2.4.5　光线投射算法

　　光线投射算法是体绘制中的经典算法，用于生成高质量的图像。算法的基本思想是从视平面的每个像素发出一条光线，这条光线会穿越体数据。在光线穿越体数据的过程中，算法会基于光线吸收和发射模型来积累和计算颜色与阻光度。

　　光线投射算法的具体步骤如下：

　　1）**数据准备**：将一系列的二维层析图像读入内存，构造成体数据。
　　2）**光线发射**：从视平面的每个像素出发，沿着视线方向发射一条光线。
　　3）**采样和计算**：光线在穿越体数据的过程中，会按照一定的间隔进行采样。在每个采样点，算法会计算其光学属性（如颜色值和不透明度），并根据光线吸收模型进行累加。
　　4）**合成与渲染**：算法根据采样点的光学属性合成出最终的像素颜色值，并显示在屏幕上。

　　光线投射算法能够生成高质量的图像，尤其在处理复杂的光照和材质效果时表现出色。该算法的灵活性高，算法中的采样间距和插值方法都可以根据需要进行调整，以适应不同分辨率和精度的需求。但是，由于需要对每个像素都发射光线并进行采样计算，因此光线投射算法的计算量较大。而且，在处理大规模体数据时，算法需要较长的时间来计算和渲染结果，导致响应速度较慢。

　　为了提高光线投射算法的效率，可以采用一些优化策略，如利用 GPU 进行硬件加速、使用并行处理技术等。同时，也可以结合其他算法和技术来进一步提高图像质量和渲染效率。

2.4.6　消隐算法的分析与比较

　　Z-Buffer 算法简单，有利于硬件实现。它无须对场景中的多边形排序，但需要大量的存储空间，且 Z 精度的误差高。Z-Buffer 算法适用于对实时性要求较高、场景复杂度适中的情况。

　　画家算法通过深度排序来确定物体的绘制顺序，能够处理一些简单的遮挡问题。然而，它对于场景中的多边形有一些限制，例如要求多边形是凸多边形。此外，画家算法的计算量较大，在处理复杂场景时效率会下降。因此，它更适合处理场景复杂度较低，且对多边形形状有一定限制的情况。

扫描线算法是一种将三维问题转化为二维问题处理的算法。它通过扫描线来确定多边形的交点，并根据深度信息进行消隐。扫描线算法在处理具有大量水平或垂直边的场景时效率较高，但在处理复杂多边形或曲面时较为困难。

光线投射算法主要用于体绘制，能够生成高质量的图像。然而，由于该算法的计算量大、响应速度较慢，因此更适合用于离线渲染或对图像质量有较高要求的应用场景。

总结来说，如果场景复杂度较高，且对实时性要求较高，那么 Z-Buffer 算法是一个较好的选择。如果场景中的多边形主要是凸多边形，且对图像质量要求不高，那么使用画家算法更合适。如果场景中包含大量的水平或垂直边，那么使用扫描线算法更有效率。对于需要生成高质量图像的应用场景，光线投射算法是一个更好的选择。

2.5　本章习题

1. 推导 Bresenham 算法中决策参数的初始值。

2. 分别利用 DDA 算法和 Bresenham 算法生成起点为 (8,6)、终点为 (16,9) 的直线段。要求写出推导过程并作图。

3. 采用 DDA 画线算法生成起点和终点分别为 (18,8) 和 (26,16) 的直线段。要求写出计算过程并将计算结果作图表示出来。

4. Sutherland-Hodgman 算法是常用的多边形裁剪算法。利用该算法裁剪图 2-9 所示的图形，其中矩形区域（虚线）为裁剪窗口，三角形 $S_1S_2S_3$（实线）为待裁剪多边形。

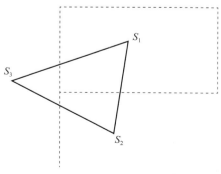

图 2-9　习题 4 的图形

5. 分别利用 Cohen-Sutherland 算法和 Liang-Barsky 算法裁剪图 2-10 所示的直线段。其中，矩形窗口左下和右上角点坐标为（20,20）和（120,70），P_0 和 P_1 点坐标分别为（10,45）和（70,75）。

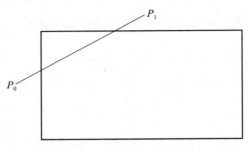

图 2-10　习题 5 的图形

6. 利用 Sutherland-Hodgman 算法裁剪图 2-11 所示的多边形，图中的虚线矩形为裁剪窗口。

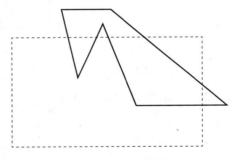

图 2-11　习题 6 的图形

7. 简述 Z-Buffer 算法的基本思路。能够借鉴 Z-Buffer 算法并用于三维空间中两个物体间可见性的判断吗？如果能够借鉴，请说明思路。

8. 简述多边形扫描线填充算法的基本思想。

第 3 章　物 体 建 模

在数字世界中，物体建模是构建三维场景和虚拟世界的基础。无论是电影特效中的逼真角色、游戏世界中的细致场景，还是建筑设计中的精确模型，都离不开物体建模技术的支持。在计算机图形学中，物体建模具有举足轻重的地位。它是连接现实世界与数字世界的桥梁，通过精确而富有创意的物体建模技术，可以将三维物体从无形的想象转化为有形的数字表达。

本章将介绍物体建模的基本概念、原理和方法。首先，介绍基本概念，然后逐步深入到多边形网格建模、曲线曲面建模等高级技术，揭示如何将创意转化为可视化的三维实体，并分析不同建模方法的优劣之处。其中，曲线曲面建模是基础物体建模技术中的重要部分。最后，本章介绍基于物理的建模、基于图像的建模等高级建模方法，展现它们在不同领域中的应用价值，以及物体建模技术的发展前景。

3.1　概述

三维模型作为空间中物理实体对象的数学化表达，核心在于精确地捕捉和再现物体的形态与结构。在表示方法上，主要包括面表示和体表示两类。三维模型一般是指空间中物理实体对象的数学表示。三维模型的表示方法可以分为基于面表示的方法和基于体表示的方法两种类型。

1）**基于面表示的方法**：主要关注三维模型的表面表示。这种方法也称为边界表示或 B-rep 模型（Boundary representation），通过多边形网格、参数曲面或隐式曲面等方式来近似或精确描述物体的外观。这种方法侧重于描述物体表面的几何细节和形状，而不直接涉及物体的内部结构和体积信息。本章后面将详细介绍多边形网格、参数曲面和隐式曲面这三种常用的面表示方法。

2）**基于体表示的方法**：主要关注三维模型的整体结构和体积表示。它通过多种体数据表示方法来实现，如体素和构造实体几何等。体表示的方法能够捕捉到物体的体积信息和空间关系，适用于需要分析物体内部或进行体积渲染的应用场景。

3.2　多边形网格建模

多边形网格建模是计算机图形学中最常见、最基础的三维建模技术。它通过连接多个顶点来形成多边形，进而构建复杂的三维模型。这种建模方法通过定义顶点、边和面之间的拓扑关系，可以精确地表示物体的几何形状，并为后续的渲染和动画过程提供必要的数据支持。

3.2.1　基本概念

在深入学习多边形网格建模技术之前，首先需要理解构成多边形的基础元素，这些元素包括顶点、边、面和网格。这些元素共同构成了三维模型的基础结构，使复杂的三维形状可以通过计算机进行创建和操作。

1. 顶点

顶点（Vertex）是多边形网格建模中最基本的元素，它代表三维空间中的一个位置点。每个顶点都可以由三维坐标 (x, y, z) 来表示，这个三元数组精确地标定了顶点在三维世界中的位置。

2. 边

边（Edge）是一维几何元素，是连接两个顶点的线段，也是物体相邻面的交界。在多边形网格中，边不仅定义了顶点之间的关系，还会对模型的拓扑结构产生影响。边的长度、方向和数量都可以根据建模的需要进行调整，从而创建出更加精细和复杂的模型结构。

3. 面

面（Face）是由至少三个顶点按顺序连接形成的封闭图形，它是二维几何元素，定义了多边形网格的表面。面是构成三维模型表面的基本单元，具有方向性，一般用某个面的外法向量作为该面的正向。

在三维建模中，最常见的面是三角形和四边形，因为它们可以无歧义地定义表面的法线，这对于光照和渲染非常重要。面可以是简单的平面，也可以是复杂的曲面，通过调整面的形状和大小，就可以创造出平滑圆润或棱角分明的三维物体。

4. 网格

网格（Mesh）是由顶点、边和面组成的整体结构，它构成了三维模型的完整表示。网格是一个连续且闭合的几何体，任何物体都可以通过网格来精确地表示。网格可以是静态的，也可以是动态的，并且支持动画和形变。网格的拓扑结构对于模型的质量和性能有着重要影响。一个良好的网格应该具有清晰的拓扑结构，顶点和面的布局应尽可能均匀，以避免在渲染时产生不自然的视觉效果。网格的质量和复杂度都直接影响模型的外观细节和计算效率，因此，在建模过程中，应根据实际需求来选择合适的网格密度和复杂度。

3.2.2　多边形网格

多边形网格是顶点、边以及面的集合。这种网格可以用于创建各种三维模型，从简单的几何形状到复杂的有机结构。图 3-1 展示了斯坦福兔子模型的多边形网格。可以用一个多元组 (V,C) 来定义网格 M，即 $M=(V,C)$，其中 $V=\{V_1,V_2,\cdots,V_n\}$ 表示网格的顶点集合，其中 V_i 是三维空间中的一个点，n 是顶点总数；C 代表点与点之间的连接关系，即顶点与顶点间连接成线，再连接成面。

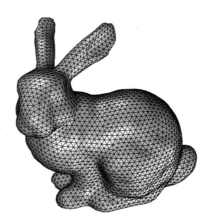

图 3-1　斯坦福兔子的多边形网格

多边形网格可以根据不同的属性和应用场景进行分类，选取不同类型的多边形网格可以满足不同的建模需求，优化模型结构。

1. 凸多边形和凹多边形

在计算机图形学和几何学中，一个多边形可以根据其形状特性分为凸多边形和凹多边形。

凸多边形是指所有内角都小于 180° 的多边形，任意凸多边形的外角和为 360°。在凸多边形中，任意两个顶点之间的线段都位于多边形的内部或边界上。凸多边形的边界可以简单地用顶点的列表来表示，不需要额外信息。在计算几何中，凸多边形通常更容易处理，例如在碰撞检测和光线投射的场景中。在三维建模中，凸多边形常用于创建简单的几何体和规则的结构。

凹多边形是指至少有一个内角大于180°的多边形。这意味着在凹多边形中，存在一个或多个"凹进"的部分，这使得多边形的边界更加复杂，因此凹多边形的表示和处理通常比凸多边形更复杂。在计算几何中，凹多边形往往需要使用更复杂的算法来处理。不过，凹多边形也有更多样的表现形式，在三维建模和动画中，凹多边形能够创建更加丰富和复杂的形状，更适合复杂的场景和角色设计。

在实际应用中，凸多边形常用于建筑建模、游戏环境设计等场景，因为它们的简单性质使得渲染和碰撞检测更加高效。凹多边形则适用于创建更加复杂的自然景观、角色服装或其他不规则形状的物体。凸多边形和凹多边形的处理方法和算法有所不同，因此在设计和实现相关功能时，需要根据多边形的类型来选择合适的技术方案。

2. 三角形网格和四边形网格

根据面的形状，网格可以分为三角形网格和四边形网格。三角形网格和四边形网格是两种常见、重要的多边形网格类型。

三角形网格是一种由三角形面组成的多边形网格。在这种网格中，每个面都是一个三角形，每个顶点连接三条边。由于三角形是最稳定的多边形，在三维空间中可以无歧义地定义一个平面，因此这种网格在处理和渲染时非常可靠，尤其适合应用于动态场景和实时渲染任务。此外，三角形网格具有简单的拓扑结构和优良的几何特性，使得光照和纹理映射更加直接高效。在许多三维图形应用中，三角形网格被广泛用作表面表示的基础。

四边形网格是由四边形面片组成的网格结构。每个四边形面片由四个顶点和四条边构成，从而形成一个矩形或梯形等形状。四边形网格可以简化纹理映射过程，使得纹理图像能够更自然地贴合到物体表面上。

在实际应用中，三角形网格更加常见。三角形网格具有更强的灵活性和适应性，能够处理各种复杂的形状和拓扑结构。在后续内容中，我们将详细介绍三角形网格。

3. 流形网格和非流形网格

在三维几何建模中，多边形网格的拓扑结构决定了顶点、边和面的连接方式，这对于模型的数学表示和后续的处理具有重要的影响。根据拓扑结构的不同，多边形网格可以分为流形网格和非流形网格两类。

流形网格是一种具有良好拓扑结构的多边形网格。在流形网格中，每一条边都恰好被两个面共享，而每个顶点的相邻面则构成一个连续的环。这种网格的局部欧几里得特性使得它易于理解和处理。流形网格的应用非常广泛，特别是在需要精确几何表示的领域，如三维打印、计算机辅助设计（Computer Aided Design，CAD）和物理模拟。流形网格的优势在于能够有效避免拓扑错误和几何奇异性，确保模型的质量和一致性。此外，在计算机图形学的许多算法中，如网格简化、平滑和细分，流形网格都表现出了良好的性能。

与流形网格相对应的是非流形网格，这种网格的拓扑结构不满足流形的定义。非流形网格包含多种拓扑问题，例如 T 形顶点（一个顶点连接多个面）、悬挂边（边的一端没有连接到任何面）或自相交面（面与自身相交）。这些问题导致顶点连接多个不连续的环，或者边无法形成封闭的循环。虽然非流形网格在处理上较为复杂，但它们在某些情况下能够提供更大的灵活性，从而表示一些特殊的几何形状，例如折纸、复杂的雕塑或其他非标准的设计。在处理非流形网格时，通常需要特殊的算法和技术来解决拓扑问题，以确保模型的正确性和可用性。

在实际应用中，选择流形还是非流形网格主要取决于具体的建模需求和应用目标。对于大多数工程和科学应用来说，流形网格因其稳定性更好和易于处理而常被采用。在艺术创作和某些设计领域中，非流形网格能提供更多的创造空间。

4. 网格简化和网格细分

在三维建模与计算机图形学领域中，根据网格的复杂性，可以对多边形网格进行网格简化和网格细分（如图 3-2 所示）。

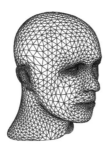 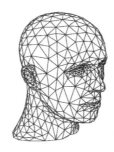 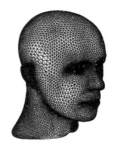

a）原图   b）网格简化   c）网格细分

图 3-2 网格简化和网格细分

网格简化的目标是通过减少模型的几何复杂度来优化渲染性能和减少内存占用。网格简化通过算法对原始模型进行降阶处理，移除那些对视觉影响不大的顶点和面，从而降低模型的详细程度。尽管细节有所减少，但简化后的网格仍能够保持足够的视觉质量，以满足特定应用的需求。网格简化特别适用于对性能要求较高的实时渲染场景，如移动平台游戏、虚拟现实应用以及包含大量模型元素的大规模场景渲染。在这些应用中，网格简化能够有效提高渲染速度、减少延迟，同时保持可接受的视觉输出。

网格细分旨在创建具有高几何细节的模型。这类网格通过丰富的顶点和面来精确地表示模型的表面特征，从而提供高度逼真的视觉效果。网格细分适用于对视觉质量有极高要求的应用领域，例如电影和电视的视觉效果制作、高端游戏的开发以及其他需要高度真实感的场景再现。在这些应用中，网格细分能够展现出复杂的表面纹理、精细的光影变化和精确的几何形状，从而增强观众的视觉体验。不过，网格细分对计算资源和存储空间的要求较高，通常需要有强大的硬件支持并使用更精细的渲染技术。

在实际应用中，选择简化网格还是网格细分需根据项目的具体需求、目标平台的性能限制以及预期的视觉效果来决定。在性能受限的环境中，应用网格简化是实现实时渲染的有效途径；而在追求视觉质量的场合，应用网格细化则能够提供更高水平的视觉表现。此外，还可以采用多细节层次（Level of Detail，LOD）的技术，根据观察距离和渲染需求来动态切换不同复杂度的网格，以平衡性能和视觉效果。

3.2.3 三角形网格

三角形网格（Triangle Mesh）是计算机图形学中用于表示三维模型表面的一种基本数据结构。它由一系列三角形组成，每个三角形由三个顶点定义，并通过共享的顶点和边来相互连接。多边形网格由多边形集合组成，三角形网格则是由三角形组成的多边形网格，并且任意多边形网格都能转换成三角形网格。相对于一般的多边形网格，许多操作对三角形网格来说更容易。

为了优化存储和渲染效率，三角形网格可以采用特殊的数据结构，比如三角形带和三角形扇。

如图 3-3 所示，三角形带是一种连续的三角形序列，其中每个新三角形都与前一个三角形共享一条边，它可以无歧义地通过枚举顶点来表示一组三角形。记 $V = \{V_1, V_2, \cdots, V_n\}\ (n \geqslant 3)$ 是一个顶点集合，则三角形带 S 可以表示为由这些顶点按照特定顺序构成的一系列三角形的集合，定义为 $S = \{(V_1, V_2, V_3), (V_2, V_3, V_4), \cdots, (V_{n-2}, V_{n-1}, V_n)\}$，其中，每个三角形 (V_i, V_{i+1}, V_{i+2}) 与前一个三角形 (V_{i-1}, V_i, V_{i+1}) 共享一条边 (V_i, V_{i+1})。这里，顶点 V_1 可以被视为三角形带的起始顶点，V_n 为结束顶点。

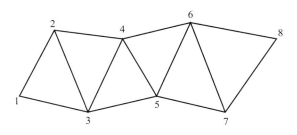

图 3-3　三角形带

三角形带可以减少顶点数据的重复，从而提高渲染效率。然而，这种结构不适合表示具有复杂拓扑结构的模型，因为它们需要额外的转换步骤。

共享一个顶点的一组相邻三角形称为三角形扇（Triangle Fan）。三角形扇从一个公共顶点开始，每个后续的三角形都与这个公共顶点和前一个三角形共享一条边。记 $V = \{V_1, V_2, \cdots, V_n\}\ (n \geqslant 2)$ 是一个顶点集合，V_1 为公共顶点。三角形扇 F 是由这些顶点按照特定顺序构成的一系列三角形的集合，定义为 $F = \{(V_1, V_2, V_3), (V_1, V_3, V_4), \cdots, (V_1, V_{n-1}, V_n)\}$，其中，每个三角形 (V_1, V_i, V_{i+1}) 与前一个三角形 (V_1, V_{i-1}, V_i) 共享边 (V_1, V_i)。在三角形扇中，顶点 V_0 是所有三角形共享的公共顶点，而 $V_1, \cdots, V_n$ 是围绕 V_0 顶点的其他顶点，如图 3-4 所示。

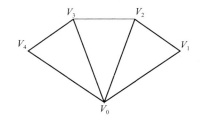

图 3-4　三角形扇

与三角形带类似，三角形扇也可以减少顶点数据的重复，但它们在表示模型时提供了更多的灵活性，因为它们可以围绕一个中心构建多边形。

这些特殊的格式通过减少顶点的重复来优化数据传输，但在某些情况下可能不适用或需要转换为标准的三角形网格。

3.2.4　网格化算法

网格化算法是三维计算机图形学的核心问题之一。网格化算法主要用于生成、优化和转换多边形网格,以实现对三维模型的有效表示和处理。常用的网格化算法包括网格简化算法、网格细分算法和 Delaunay 三角剖分算法。

1. 网格简化算法

网格简化算法旨在减少三维模型中的顶点数、边数和面数,从而降低三维模型的几何复杂度,以便进行更快的渲染和处理。在网格简化时,应尽可能保持原始模型的几何特征和视觉质量。网格简化算法的基本流程如下所示(以三角形网格为例说明):

1) **选择简化元素**:算法识别并选择网格中的顶点、边或面作为简化的目标元素。

2) **确定简化准则**:根据一定的简化准则(例如基于几何误差的最小化或保持视觉显著性)来确定这些元素简化的顺序和方式。这些准则旨在确保简化操作能够最大程度地保留模型的关键特征。

3) **执行简化操作**:在确定了简化元素和简化准则之后,算法将执行具体的简化操作。这些操作包括合并相近的顶点、删除不重要的边或面,或者采用几何逼近方法来近似表示原始网格的复杂结构。

4) **迭代与终止**:算法重复上述步骤,不断迭代简化过程,直到达到预定的简化程度(例如达到设定的顶点数量、边数量或面数量限制),或满足特定的终止条件(例如简化后的模型质量下降到一定阈值以下)为止。

上述算法流程可以转化为如下代码:

```cpp
// 假设用 Mesh 类表示网格,包含顶点、边、面等成员变量
class Mesh {
public:
    std::vector< Vertex> vertices;
    std::vector< Edge> edges;
    std::vector< Face> faces;
    // 其他成员变量和方法

    // 计算简化的优先级(例如基于几何误差)
    float computePriority(const Edge& edge) const {
        // 实现简化准则,这里只是一个示例
        return computeGeometricError(edge);
    }
    // 执行边折叠简化操作
    void collapseEdge(int edgeIndex) {
        // 合并顶点,删除边,更新网格拓扑
    }
```

```
    // 重新三角化
    void retriangulate() {
    // 实现重新三角化的算法
    }
    // 获取网格的简化程度(例如顶点数)
    int getSimplificationLevel() const {
        return vertices.size();
    }
    // 其他方法
};


// 网格简化算法
void simplifyMesh(Mesh& mesh, int targetNumVertices) {
    // 创建优先级队列,用于根据简化优先级选择边
    std::priority_queue< std::pair< float, int> , std::vector< std::pair< float, int> > ,
        std::greater< std::pair< float, int> > > pq;

    // 初始化优先级队列,加入所有边的优先级和索引
    for (size_t i = 0; i < mesh.edges.size(); + + i) {
        pq.push({mesh.computePriority(mesh.edges[i]), i});
    }

    // 简化循环
    while (mesh.getSimplificationLevel() > targetNumVertices && ! pq.empty()) {
        // 选择优先级最高的边
        int edgeIndex = pq.top().second;
        pq.pop();

        // 执行简化操作
        mesh.collapseEdge(edgeIndex);

        // 更新优先级队列和网格拓扑
        // ……

        // 重新三角化
        mesh.retriangulate();
    }
}
```

网格简化的算法大致可以分为以下几类：顶点聚类算法、自适应细分算法、重采样算法和去除算法。算法细节这里不再详述，读者可查阅相关书籍和资料进行学习。

2. 网格细分算法

网格细分算法是一种用于提高三维模型细节和精度的技术，它通过增加顶点和面来提高网格的分辨率，从而增加模型的细节和精度（如图 3-5 所示）。该算法能够生成更加平滑和细腻的表面，适用于需要高质量渲染或者物理模拟的应用场景。

图 3-5、网格细分算法

网格细分算法的基本流程如下：

1）**选择细分元素**：根据细分规则，选择网格中的边或面作为待细分的元素。

2）**计算新顶点的位置**：对于每个待细分的元素，根据所选的细分规则（如 Cat-mull-Clark 细分规则、Loop 细分规则等），计算新顶点的位置。

3）**插入新顶点并更新拓扑结构**：在网格中插入计算出的新顶点，根据细分规则，连接新顶点与现有顶点，形成新的边和面。然后，更新网格的拓扑结构，包括顶点、边和面的索引和连接关系。

4）**迭代与终止**：重复上述步骤，直到达到预定的细分级别或满足设定的终止条件为止。

上述算法流程可以用代码表示如下：

```
class Mesh {
    public:
    std::vector< Vertex > vertices;
    std::vector< Edge > edges;
    std::vector< Face > faces;
    // 其他成员变量和方法
};

class Subdivision {
public:
    // 细分算法
    void subdivide(Mesh& mesh, int subdivisionLevel) {
        for (int level = 0; level < subdivisionLevel; + + level) {
            // 选择待细分的元素
            std::vector< Edge* > edgesToSubdivide = selectEdgesToSubdivide(mesh);
            std::vector< Face* > facesToSubdivide = selectFacesToSubdivide(mesh);
            // 计算新顶点的位置
            std::vector< Vertex* > newVertices = calculateNewVertices(mesh,
                edgesToSubdivide, facesToSubdivide);
            // 插入新顶点并连接新元素
            insertNewVerticesAndConnectElements(mesh, newVertices);
```

```
            // 更新网格拓扑结构
            updateMeshTopology(mesh);
        }
    }

private:
    // 选择待细分的边
    std::vector< Edge* > selectEdgesToSubdivide(const Mesh& mesh) {
        // 实现细节
        return {};
    }

    // 选择待细分的面
    std::vector< Face* > selectFacesToSubdivide(const Mesh& mesh) {
        // ……
        return {};
    }

    // 计算新顶点的位置
    std::vector< Vertex* > calculateNewVertices(const Mesh& mesh,
        const std::vector< Edge* > & edges,
        const std::vector< Face* > & faces) {
        // 根据细分规则计算新顶点的位置
        return {};
    }

    // 插入新顶点并连接新元素
    void insertNewVerticesAndConnectElements(Mesh& mesh, const std::vector< Vertex* > &
        newVertices) {
        // 插入新顶点,并连接形成新的边和面
    }
    // 更新网格拓扑结构
    void updateMeshTopology(Mesh& mesh) {
        // 更新网格的顶点、边和面的索引和连接关系
    }
};
```

网格细分算法包括 Catmull-Clark 细分、Loop 细分等算法。这些算法的细节不再详述,读者可阅读相关书籍或资料进行学习。

3. Delaunay 三角剖分算法

三角剖分是指将平面对象细分为三角形。Delaunay 三角剖分算法是一种广泛使用的网格生成算法,它根据一组点生成一个三角网格,使所有三角形的最小角尽可能大,从而避免生成细长和尖锐的三角形,从而生成高质量的三角网格。

Delaunay 三角剖分算法的基本流程如下:

1) 输入一组离散的点集。

2）初始化一个空的三角网格。

3）逐个插入点集中的点，对于每个新插入的点 V，执行以下步骤：

①定位三角形，即找到包含点 V 的三角形。

②执行 Lawson 算法，通过交换边和插入新三角形来更新网格，使其满足 Delaunay 条件。

4）重复步骤 3，直到所有点都被插入到网格中为止。

上述算法流程对应的代码如下：

```cpp
class Point {
public:
    double x, y;
};

class Triangle {
public:
    Point* vertices[3];
};

class DelaunayTriangulation {
public:
    std::vector< Triangle* > triangles;
    std::set< Point* > points;

    void insertPoint(Point* p) {
        // 找到定位三角形
        Triangle* locTriangle = locateTriangle(p);
        if (locTriangle) {
            // 执行 Lawson 算法
            lawsonFlip(locTriangle, p);
        } else {
            // 如果点位于已有三角形的外部,则需要添加额外的三角形来包围它
        }
    }

    Triangle* locateTriangle(Point* p) {
        // 实现定位三角形的查找算法
        // ……
        return nullptr; // 伪代码,实际应返回定位三角形或 nullptr
    }

    void lawsonFlip(Triangle* t, Point* p) {
        // 执行 Lawson 算法,包括边翻转等操作
        // ……
    }

    void triangulate(std::vector< Point* > & pointSet) {
```

```
    // 初始化
    if (pointSet.size() < 3) {
        return; // 无法进行三角剖分
    }
    // 选择初始三角形
    // ……

    // 插入点并构建 Delaunay 三角网格
    for (Point* p : pointSet) {
        insertPoint(p);
    }
    }
};
```

3.2.5　多边形网格的数据结构

多边形网格由顶点、边和面等元素组成，它们相互连接，形成一个封闭的网格，从而共同定义了三维模型的几何形态。多边形网格的数据结构有多种不同的组织方式，下面介绍三种常见的方式。

1. 顶点-顶点结构

顶点-顶点（Vertex-Vertex，VV）结构是最直观的多边形网格数据结构，也是最简单的多边形网格表示方法。顶点-顶点结构只有一张顶点邻接信息表，其中每个顶点仅存储自身在三维空间中的位置信息（通常为 x、y、z 坐标）。这种数据结构比较简单，需要的存储空间较小，能够有效支持形状变化。但这种结构因为隐藏了边和面的信息，在渲染时需要消耗较多时间计算、查找边和面的信息，同时不能有效地支持动态操作边和面。

2. 面-顶点结构

面-顶点（Face-Vertex）结构是一种更为直观的表示方法，它将每个面作为数据结构的基本单元，每个面存储与它相关的顶点信息。面-顶点结构会构造两张数据表，分别是面邻接信息表和顶点邻接信息表。通过面邻接信息表，可以迅速通过索引查找关联的顶点数据；通过顶点邻接信息表，则可以查找到关联的面数据。这种数据结构对渲染是很有利的，能够迅速建立索引。但是，这种数据结构不支持直接的边操作，因为边的信息是隐式的。

3. 翼边结构

翼边（Winged-Edge）结构是一种基于边的多边形网格表示方法，特别适合表示具有复杂拓扑结构的模型。翼边的数据结构假设网格是二维流形的，即每一条边被两个面共享。在这种结构中，每个边都有两个方向，称为"翼"，每个翼都指向一个相邻的面。

翼边数据结构存储边的邻接信息，它有三张邻接信息表。其中，最重要的是边邻接信息表，该表主要存储边的两端的顶点、边的左右两面，以及分别与两个端顶点衔接的四条边。

另外两张邻接表比较简单，如点邻接关系表用于存储与该点关联的一条边；面邻接关系表则存储与该面关联的一条边界边。点与面都可能关联多条边，所以选择不同的关联边，会得到不同的点和面邻接关系表。

翼边结构也存在一些缺点：在存储和处理大量数据时会占用较多的内存和计算资源。此外，当需要查询关于多边形及其边数的信息时，翼边结构并不能直接提供这些信息，需要通过循环遍历相关元素得出结果，导致处理效率比较低。

4. 半边结构

为了克服翼边结构的缺点，提出了半边（Half-Edge）结构。半边也是一种基于边的数据结构，它在简化翼边结构的同时保留了其灵活性。半边结构存储两条反向的方向边，每个方向边属于不同的环。

每一个方向边邻接表只存储半边的起始（或者结束）点、关联面、反向的邻接半边，以及前后两个邻接半边。

与翼边结构相比，半边结构在遍历查询时不需要进行方向判断，减少了不必要的开销。需要注意的是，半边结构不支持非流形网格。

3.2.6 多边形网格建模的优势和劣势

多边形网格建模作为一种三维建模技术，核心优势在于为用户提供了一种直观且灵活的创作手段。通过直接对模型的顶点、边和面进行操作，用户能够轻松塑造出各种形状和细节。此外，多边形网格建模得到了广泛的软件支持，几乎所有三维建模软件均内置了相应的工具和功能，因此有丰富的学习资源和全面的社区支持。这种建模方法适应性强，无论是高度详细的角色建模还是简单的环境构建，均能胜任。同时，多边形网格模型可以通过减少顶点数量进行优化，以满足不同渲染和实时显示的需求，这一点对于游戏开发和实时应用尤为重要。

当然，多边形网格建模也存在一些局限性。在精度要求较高的工业级应用中，多边形网格可能无法提供足够的精确度（尤其是与参数化建模相比）。随着模型复杂性的提升，管理和维护大量的顶点和面的工作尤为艰巨，特别是在处理大型场景时。此外，多边形网格建模可能会遇到拓扑问题，如孔洞和重叠面，这需要进行额外的修复工作。在捕捉细微的曲面变化方面，多边形网格可能不如 NURBS 曲面建模那样精确。最后，在进行渲染之前，多边形网格模型可能需要进行额外的准备工作，如细分、平滑和优化，以确保最终渲染效果的质量。因此，在选择建模方法时，应根据项目的具体需求和目标来决定使用多边形网格建模还是其他建模技术。

3.3　参数曲线和曲面建模

参数曲线曲面建模是计算机图形学中用于创建平滑且精确的三维曲线和三维形状的一种高级技术。参数曲线曲面建模使用数学函数来定义曲线和曲面的形状与结构。这种方法特别适合需要高度精确和光滑表面的应用，如工业产品设计、汽车造型和电影特效。本节将介绍与参数曲线曲面相关的概念。

3.3.1　参数曲线和参数曲面

参数曲线和参数曲面是计算机图形学以及几何造型技术中用于描述、构建复杂几何形状的重要概念。它们通过参数化方法提供了一种灵活而精确的方式来表示几何实体，在设计和建模中发挥着关键作用。1963 年，美国波音公司的福格森首先提出了将曲线曲面表示为参数的向量方程的方法。福格森采用的曲线曲面的参数形式从此成为描述曲线曲面的标准形式。

在三维空间中，曲线的参数表示就是把曲线上一点的各维度坐标均写成某个参数 t 的一个函数式，如式（3-1）所示：

$$\begin{cases} x = x(t) \\ y = y(t) \\ z = z(t) \end{cases} \tag{3-1}$$

参数曲线可以表示为式（3-2）的形式：

$$P(t) = [x(t), y(t), z(t)] \tag{3-2}$$

其中，t 是曲线参数，$x(t)$、$y(t)$、$z(t)$ 是关于参数 t 的连续函数。

类似于参数曲线，曲面用参数方程可表示为式（3-3）的形式：

$$\begin{cases} x = x(u,v) \\ y = y(u,v) \\ z = z(u,v) \end{cases} \tag{3-3}$$

参数曲面就可以定义为式（3-4）的形式：

$$P(u,v) = [x(u,v), y(u,v), z(u,v)] \tag{3-4}$$

其中，u，v 是两个独立的参数。

在实际应用中，通常将曲线、曲面写成参数方程的形式，以方便计算机进行处理。利用计算机处理时，参数曲线和参数曲面具有如下优点：

1）**几何不变性**：参数方程表示的曲线和曲面的形状不依赖于所选的坐标系。这意味着，无论使用哪种坐标系，曲线或曲面的数学描述保持不变。这种几何不变性对于设计和建模过程中的几何操作非常重要，因为它确保了模型的一致性和准确性。

2）**更大的自由度**：参数方程为控制曲线和曲面的形状提供了更大的自由度。通过调整参数值和控制点，参数方程可以在不改变整体结构的情况下，对局部区域进行精细调整，具有很强的描述能力和丰富的表达能力。

3）**便于坐标变换**：参数方程形式的曲线和曲面易于进行几何变换（如平移、旋转、缩放）。这些变换可以直接应用于参数方程中，而不需要对曲线或曲面的每个点单独进行计算，从而简化了变换过程，并提高了计算效率。

4）**便于处理斜率无穷大的问题**：在某些情况下，曲线或曲面可能在某些点具有无穷大的斜率，例如在尖点或拐点。采用参数方程形式可以更好地处理这些情况，因为它允许曲线或曲面在这些点平滑过渡，而不会导致计算中断或错误。

5）**界定范围简单**：参数方程形式的曲线和曲面可以很容易地界定曲线和曲面在参数空间中的范围。通过简单地设置参数的取值范围，可以限制曲线或曲面的表示，这在裁剪和渲染过程中非常有用。

6）**插值和拟合**：参数方程形式的曲线和曲面非常适合进行插值和拟合操作。通过选择合适的控制点和参数值，就可以构造出与给定数据点集匹配的曲线或曲面，或者构造出最接近给定数据点集的曲线或曲面。

7）**易于用向量和矩阵运算**：参数方程形式的曲线和曲面易于使用向量和矩阵运算进行处理。这使得计算更加高效，并且可以利用现代计算机图形硬件的向量和矩阵处理能力。

8）**光滑性和连续性**：参数方程可以很容易地定义出光滑的曲线和曲面，因为它们可以通过连续的函数来表示。此外，通过适当的参数化，可以控制曲线和曲面的连续性级别，从而满足不同的设计和应用需求。

在计算机图形学中，曲线和曲面的数学表示可归纳为插值和逼近两类。插值方法旨在构建一条曲线或一张曲面，使其严格通过所有预先定义的离散型值点；而逼近方法则侧重于通过型值点形成的控制多边形来捕捉数据的整体趋势，不必精确通过每个点。型值点是指通过测量或计算得到的曲线或曲面上少量描述其几何形状的数据点。这两种技术均属于曲线或曲面拟合问题的范畴，选择哪种技术取决于精度、数据处理和目标形状的具体需求。

1. 插值

插值（Interpolation）是一种数学方法，它通过型值点构造一个函数或曲线，使得该函数或曲线在这些数据点上的值与已知值完全一致。这些型值点可以通过测量得到，也可以由设计者直接给出。在计算机图形学中，插值用于生成平滑的曲线和曲面，这些曲线和曲面精确通过定义它们的控制点。常见的插值技术包括线性插值、多项式插值和样条插值。插值方法通常用在数字化绘图或动画设计中。

2. 逼近

逼近（Approximation）是指寻找一个函数或模型，使该函数或模型在整体上尽可能接近一组数据点，但不一定通过所有点。逼近的目的通常是简化复杂的数据集，减少噪声影响，或创建一个易于计算和分析的模型。最小二乘法是一种常用的逼近技术，它通过最小化观测值和模型预测值之间的差异来找到最佳拟合曲线或曲面。逼近法一般用来设计构造形体的表面。

3. 参数连续性

参数连续性（Parametric Continuity）是指参数曲线或曲面在参数变化时的连续性质。如果一个函数在某一点 x_0 处具有相等的 1 阶到 k 阶的导数，则称它在 x_0 处是 k 次连续可微的，或称它在 x_0 处是 k 阶连续的，记作 C^k。在几何上，C^0、C^1、C^2 依次表示函数的图形、切线方向、曲率是连续的。参数连续性确保了曲线或曲面在拼接或连接时的平滑过渡。

4. 几何连续性

几何连续性（Geometric Continuity）关注的是曲线或曲面在连接点处的几何特

性，而不仅仅是参数的连续性。如果两个曲线段在公共连接点处具有 C^k 连续性，则称它们在该点处具有 k 阶几何连续性，记作 G^k。零阶几何连续 G^0 与零阶参数连续 C^0 是一致的。一阶几何连续 G^1 指一阶导数在两个相邻曲线段的交点处成比例，即方向相同、大小不同。二阶几何连续 G^2 指两个曲线段在交点处，它的一阶和二阶导数均成比例。与参数连续性不同，几何连续性允许在连接点处存在间隙或重叠。

参数连续性和几何连续性通常作为连接两个曲线段或曲面片的条件或者作为曲线间连接光滑度的度量，两者并不矛盾。C^k 连续是满足 G^k 连续的充分条件，但反之不然。

5. 光顺

光顺（Smoothness）是一种处理曲线和曲面的技术，旨在减少或消除尖锐的拐点和不规则性，从而获得平滑、连续的形状。光顺通常涉及调整控制点的位置或修改曲线和曲面的数学描述，以确保整体形状的美观和实用性。在汽车和飞机设计中，光顺是一个重要的步骤，可用于优化空气动力学特性。对于平面曲线，相对光顺的条件是：①具有二阶几何连续（G^2）；②不存在多余拐点和奇异点；③曲率变化较小。

3.3.2   Bezier 曲线

Bezier 曲线是由法国雷诺（Renault S. A.）汽车公司的工程师 Pierre Bezier 在 20 世纪 60 年代末为汽车设计而开发的数学模型，它是一种基于控制点的参数曲线，已广泛应用于计算机图形学、动画制作、工业设计等领域。Bezier 曲线因其简单性、直观性和强大的控制能力而受到青睐，是计算机图形学中常用的参数曲线之一。

1. Bezier 曲线的定义

给定 $n+1$ 个型值点 $P_0, P_1, \cdots, P_n$，则它们所确定的 n 阶 Bezier 曲线如式（3-5）所示：

$$B(t) = \sum_{i=0}^{n} B_{i,n}(t) \cdot P_i \tag{3-5}$$

其中，t 是曲线参数，取值范围为 $[0,1]$；P_i 是给定的型值点；$B_{i,n}(t)$ 是 Bernstein 多项式，如式（3-6）所示：

$$B_{i,n}(t) = \binom{n}{i} t^i (1-t)^{n-1} \tag{3-6}$$

这里，$\binom{n}{i}$ 是组合数，表示从 n 个不同元素中取出 i 个元素的组合数，也称为二项式系数，可以通过式（3-7）计算。

$$\binom{n}{i} = \frac{n!}{i!\,(n-i)!} \tag{3-7}$$

从式（3-5）可以看出，Bezier 函数是型值点关于 Bernstein 基函数的加权和。Bezier 曲线的次数为 n，需要 $n+1$ 个顶点来定义。这 $n+1$ 个顶点也称为控制点，依次连接各控制点得到的多边形称为控制多边形。

（1）一次 Bezier 曲线

当 $n=1$ 时，Bezier 曲线的控制多边形有两个控制点 P_0 和 P_1。Bezier 曲线是一次多项式，称为一次 Bezier 曲线，也称为线性 Bezier 曲线，它的数学表达式如式（3-8）所示：

$$B(t) = (1-t)P_0 + tP_1 = (t \quad 1)\begin{pmatrix} -1 & 1 \\ 1 & 0 \end{pmatrix}\begin{pmatrix} P_0 \\ P_1 \end{pmatrix}, t \in [0,1] \tag{3-8}$$

这表明，一次 Bezier 曲线是连接起点 P_0 和终点 P_1 的直线段。

（2）二次 Bezier 曲线

当 $n=2$ 时，Bezier 曲线的数学表达式变为式（3-9）的形式：

$$B(t) = (1-t)^2 P_0 + 2(1-t)tP_1 + t^2 P_2 = (t^2 \quad t \quad 1)\begin{pmatrix} 1 & -2 & 1 \\ -2 & 2 & 0 \\ 1 & 0 & 0 \end{pmatrix}\begin{pmatrix} P_0 \\ P_1 \\ P_2 \end{pmatrix}, t \in [0,1]$$
$$\tag{3-9}$$

此时，Bezier 曲线的控制多边形有三个控制点 P_0、P_1 和 P_2，称为二次 Bezier 曲线。

二次 Bezier 曲线是一段起点在 P_0、终点在 P_2 的抛物线，它在视觉上更加平滑和弯曲。通过调整控制点 P_1 的位置，可以控制曲线的弯曲程度和方向。

（3）三次 Bezier 曲线

当 $n=3$ 时，Bezier 曲线的控制多边形有四个控制点 P_0、P_1、P_2、P_3，称为三次 Bezier 曲线。它的数学表达式如式（3-10）所示：

$$B(t)=(1-t)^3 P_0+3(1-t)^2 tP_1+3(1-t)t^2 P_2+t^3 P_3$$

$$=(t^3 \quad t^2 \quad t \quad 1)\begin{pmatrix}-1 & 3 & -3 & 1 \\ 3 & -6 & 3 & 0 \\ -3 & 3 & 0 & 0 \\ 1 & 0 & 0 & 0\end{pmatrix}\begin{pmatrix}P_0 \\ P_1 \\ P_2 \\ P_3\end{pmatrix}, \quad t\in[0,1] \quad (3\text{-}10)$$

三次 Bezier 曲线是一段自由曲线，能够表示复杂的曲线形状，包括多个弯曲和波动。通过调整控制点，设计师可以创建平滑且富有表现力的曲线。

二次 Bezier 曲线是抛物线，缺少灵活性。三次 Bezier 曲线是自由曲线，甚至可以出现拐点，因此三次 Bezier 曲线在几何建模中得到了广泛的应用。一次、二次和三次 Bezier 曲线如图 3-6 所示。

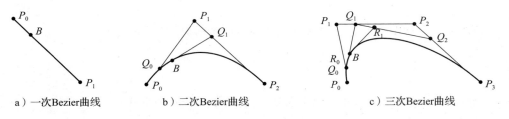

a）一次Bezier曲线　　　　b）二次Bezier曲线　　　　c）三次Bezier曲线

图 3-6　一次、二次、三次 Bezier 曲线（其中 $t=0.25$）

2. Bezier 曲线的性质

Bezier 曲线有如下重要性质。

1）端点插值性：Bezier 曲线的首尾两个点恰好是控制网格的首尾两个顶点，即：
$$B(0)=P_0, \quad B(1)=P_n \tag{3-11}$$

2）凸包性：Bezier 曲线上所有的点均位于 Bezier 曲线的控制点形成的凸包内。其中，凸包是指包含所有控制点的最小凸多边形。这意味着 Bezier 曲线不会超出控制点定义的区域。

3）光滑性：Bezier 曲线是无限可微的，这意味着它的所有阶导数都连续。光滑性是由 Bernstein 多项式的非负性和递归定义所保证的。对于 n 阶 Bezier 曲线，它的

k 阶导数可以表示为式（3-12）的形式：

$$\frac{\mathrm{d}^k}{\mathrm{d}t^k}B_{i,n}(t)=\binom{n}{i}\sum_{j=0}^{i}(-1)^j\binom{i}{j}t^{i-j}(1-t)^{n-i+j} \tag{3-12}$$

这些导数的非负性保证了曲线的光滑性。

4）参数连续性：Bezier 曲线支持不同阶数的连续性。连续性取决于曲线的导数在参数变化时的连续性。例如，零阶连续性 C^0 意味着曲线在 $t=0$ 和 $t=1$ 时的端点相同；一阶连续性 C^1 意味着曲线在端点处的切线方向相同；二阶连续性 C^2 意味着曲线在端点处的曲率相同。

5）递归定义：Bezier 曲线可以通过递归方式定义。一条 n 阶 Bezier 曲线可以通过两条（$n-1$）阶 Bezier 曲线的线性组合来构造。递归定义如式（3-13）和式（3-14）所示：

$$P(t)=P_0^n \tag{3-13}$$

$$P_i^k=\begin{cases}P_i, & k=0\\(1-t)P_i^{k-1}+tP_{i+1}^{k-1}, & k=1,2,\cdots,n;i=0,1,\cdots,n-k\end{cases} \tag{3-14}$$

这个递归关系可以用于从低阶 Bezier 曲线构建高阶 Bezier 曲线。

6）几何不变性：Bezier 曲线的形状在几何变换下保持不变，这意味着无论控制点如何平移或缩放，曲线的形状都将保持一致。

7）易于计算和编辑：Bezier 曲线的参数方程和 Bernstein 多项式都是线性的，这使得计算曲线上的点变得非常简单和高效。对于 n 阶 Bezier 曲线，曲线上任意点的坐标可以通过以下式（3-15）计算：

$$B(t)=\sum_{i=0}^{n}B_{i,n}(t)P_i \tag{3-15}$$

其中，$B_{i,n}(t)$ 是 Bernstein 多项式，P_i 是控制点。

Bezier 曲线的直观性使得用户可以通过移动控制点来轻松地编辑曲线，这在图形用户界面中尤其有用。

上述性质共同构成了 Bezier 曲线的强大特性，使其成为设计和建模的理想工具。通过理解和应用这些性质，用户就可以创建出精确、高效且视觉上有吸引力的几何形状。

3. Bezier 曲线的拼接

Bezier 曲线的拼接是指将多条 Bezier 曲线连接起来形成一条连续的曲线的技术。根据 Bezier 曲线的定义（参见式（3-5）），随着控制点的增加，会引起参数 t 的次数的升高，而高阶多项式的计算难度很高。所以，实际应用中的 Bezier 曲线都是多段三次或者四次的 Bezier 曲线拼接而成的。所以，需要在两段 Bezier 曲线的接合处进行一定的处理，使得拼接后的曲线在接合处保持一定的连续条件。下面以两段三次 Bezier 曲线的拼接为例讲解。

（1）G^0 连续

假设有两个 Bezier 控制多边形 $P_0 P_1 P_2 P_3$ 和 $Q_0 Q_1 Q_2 Q_3$，两条 Bezier 曲线在连接点处连续的条件是 $P_3 = Q_0$，即第一条曲线的终点与第二条曲线的起点重合。

（2）G^1 连续

Bezier 曲线在连接点处 G^1 连续，即一阶导数几何连续。这要求第一条曲线在 $t=1$ 处的一阶导数与第二条曲线在 $t=0$ 处的一阶导数相同，即如式（3-16）～式（3-18）所示：

$$\frac{\mathrm{d}B_{1,3}}{\mathrm{d}t}(t) = 3(1-t)^2 P_{21} - 6(1-t)P_{31} + 3t^2 P_{11} - 6t P_{21} \tag{3-16}$$

$$\frac{\mathrm{d}B_{2,3}}{\mathrm{d}t}(t) = 3(1-t)^2 P_{12} - 6(1-t)P_{22} + 3t^2 P_{02} - 6t P_{12} \tag{3-17}$$

$$\frac{\mathrm{d}B_{1,3}}{\mathrm{d}t}(1) = \frac{\mathrm{d}B_{2,3}}{\mathrm{d}t}(0) \tag{3-18}$$

（3）G^2 连续

曲率连续性要求两条曲线在拼接点的曲率相同。曲率是由曲线的二阶导数决定的，因此需要保证第一条曲线在 $t=1$ 处的二阶导数与第二条曲线在 $t=0$ 处的二阶导数相等，即如式（3-19）～式（3-21）所示：

$$\frac{\mathrm{d}^2 B_{1,3}}{\mathrm{d}t^2}(t) = 6(1-t)P_{31} - 12(1-t)^2 P_{21} + 12t(1-t)P_{11} - 12t^2 P_{01} \tag{3-19}$$

$$\frac{\mathrm{d}^2 B_{2,3}}{\mathrm{d}t^2}(t) = 6(1-t)P_{22} - 12(1-t)^2 P_{12} + 12t(1-t)P_{02} - 12t^2 P_{11} \tag{3-20}$$

$$\frac{\mathrm{d}^2 B_{1,3}}{\mathrm{d}t^2}(1) = \frac{\mathrm{d}^2 B_{2,3}}{\mathrm{d}t^2}(0) \tag{3-21}$$

4. Bezier 曲线的几何作图法

在实际应用中，并不通过 Bezier 曲线方程直接求解，而是通过一个递归的数值稳定的算法来计算，即几何作图法。几何作图法也称为 de Casteljau 算法，它利用了 Bezier 曲线的分割递归性来实现 Bezier 曲线的绘制。

由 Bezier 曲线的递归公式（即式（3-14））可得到式（3-22）所示的递归关系：

$$P_0^{(n)}(t) = (1-t)P_0^{(n-1)}(t) + tP_1^{(n-1)} \tag{3-22}$$

这表示，点 $P_0, P_1, \cdots, P_n$ 确定的 n 次 Bezier 曲线在参数 t 的值，可以由点 $P_0, P_1, \cdots, P_{n-1}$ 所确定的 $n-1$ 次 Bezier 曲线在参数 t 的值与由点 $P_0, P_1, \cdots, P_{n-1}$ 所确定的 $n-1$ 次 Bezier 曲线在参数 t 的值，通过式（3-22）给出的线性加权求得。

Bezier 曲线几何作图法的代码如下：

```
double decas(int n,double P[],double t){
    int m,i;
    double * R, * Q, P0;
    R = new double[n + 1];
    Q = new double[n + 1];
    for(i= 0;i<= n;i+ + ) R[i]= P[i]; // 将控制点坐标 P 保存于 R 中
    // 需要做 n 次外部循环,方能产生最终 Bezier 曲线在点 t 的值
    for(m= n;m> 0;m- - ){ // n 次 Bezier 曲线在点 t 的值,可由两条 n- 1 次 Bezier 曲线
        // 在点 t 的值通过线性组合而求得。
        for(i= 0;i< m;i+ + )
        Q[i]= R [i]+ t* ( R [i+ 1]- R [i]) ;
        for(i= 0;i< m;i+ + )
        R[i]= Q [i];
    }
    P0= R[0];
    delete R; delete Q;
    return (P0);
}
void bez_to_points(int n,int npoints,double P[],double points[])
// P 为控制点坐标
// points 为采用几何作图法生成的 Bezier 曲线上的离散点序列
// 离散点序列 points 的个数为 npoints+ 1
// 控制点 P 的个数为 n + 1
{
    double t,delt;
    delt= 1.0/(double)npoints; // 将参数 t npoints 等分
    t= 0.0;
    for(int i= 0;i<= npoints;i+ + )
    {
        // 分别求出 npoints+ 1 个离散点 points 的坐标
        points[i]= decas(n, P, t);
```

```
        t+ = delt;
    }
}
```

3.3.3 Bezier 曲面

Bezier 曲面是由 Bezier 曲线拓展得到的，也称为双参数曲面。它由多个 Bezier 曲线段组成，能够表示非常复杂的三维形状。

1. Bezier 曲面的定义

若在三维空间中给定 $(m+1)(n+1)$ 个控制点 $P_{ij}(i=0,1,\cdots,m;j=0,1,\cdots,n)$ 和双参数 u 和 v，则一张 $m\times n$ 次的 Bezier 曲面可以定义为式（3-23）：

$$S_{m,n}(u,v)=\sum_{i=0}^{m}\sum_{j=0}^{n}B_{i,m}(u)B_{j,n}(v)P_{i,j} \tag{3-23}$$

其中，$B_{i,m}(u)$ 和 $B_{j,n}(v)$ 分别是 m 次和 n 次的 Bernstein 基函数，如式（3-24）和式（3-25）所示：

$$B_{i,m}(u)=\binom{m}{i}u^i(1-u)^{m-i} \tag{3-24}$$

$$B_{j,n}(v)=\binom{n}{j}v^j(1-w)^{m-j} \tag{3-25}$$

通常，把由两组多边形 $P_{i0}P_{i1}\cdots P_{in}(i=0,1,\cdots,m)$ 和 $P_{0j}P_{1j}\cdots P_{mj}(j=0,1,\cdots,n)$ 组成的网格称为 Bezier 曲面 $S_{m,n}(u,v)$ 的控制网格，控制网格确定了 $S_{m,n}(u,v)$ 的大致形状，是对曲面的逼近。图 3-7 所示为双三次 Bezier 曲面的控制网格。

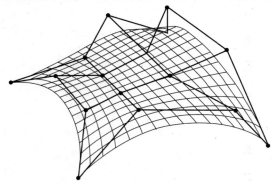

图 3-7　双三次 Bezier 曲面的控制网格

2. Bezier 曲面的性质

Bezier 曲面具有如下性质：

1）端点插值性：Bezier 曲面的四个角点（即控制网格的四个顶点）恰好是曲面在对应参数域边界上的四个端点，这意味着曲面的形状与这些控制点的位置紧密相关，如式（3-26）所示。

$$P_{m,n}(0,0)=P_{0,0}, P_{m,n}(0,1)=P_{0,n}, P_{m,n}(1,0)=P_{m,0}, P_{m,n}(1,1)=P_{m,n}$$

$$(3-26)$$

2）凸包性：Bezier 曲面位于其定义控制点的凸包内。这一性质保证了曲面的形状始终在控制点的范围内，从而避免曲面出现意外的扭曲或变形。

3）几何不变性：Bezier 曲面在仿射变换（如平移、旋转、缩放等）下具有几何不变性。这意味着对控制点进行的仿射变换将直接反映在曲面的形状上，而不会改变其内在的数学性质。

4）边界线位置：Bezier 曲面的四条边界线 $P_{m,n}(0,v)$、$P_{m,n}(u,0)$、$P_{m,n}(1,v)$、$P_{m,n}(u,1)$ 分别是以 $P_{00}P_{01}P_{02}\cdots P_{0n}$，$P_{00}P_{10}P_{20}\cdots P_{m0}$，$P_{m0}P_{m1}P_{m2}\cdots P_{mn}$ 和 $P_{0n}P_{1n}P_{2n}\cdots P_{mn}$ 为控制多边形的 Bezier 曲线。

5）光滑性：Bezier 曲面在其定义域内是连续且光滑的。这意味着曲面在连接处没有断点或尖锐的转折，从而保证了曲面的整体美观性和实用性。

6）可拼接性：不同次的 Bezier 曲面之间可以方便地进行拼接，以满足更复杂的设计需求。这种可拼接性使得在利用 Bezier 曲面创建复杂形状时具有更大的灵活性。

3. 几种常用的 Bezier 曲面

（1）双一次 Bezier 曲面

当 $m=n=1$ 时，可得到双一次 Bezier 曲面，也称为线性 Bezier 曲面。双一次 Bezier 曲面由四个控制点定义，分别为 P_{00}、P_{01}、P_{10}、P_{11}。给定曲面参数 u 和 v，双一次 Bezier 曲面的数学表达式如式（3-27）所示：

$$S_{1,1}(u,v)=(1-u)(1-v)P_{00}+(1-u)vP_{01}+u(1-v)P_{10}+uvP_{11} \quad u,v\in[0,1]$$

$$(3-27)$$

双一次 Bezier 曲面的图形是一个双曲抛物面（马鞍面）。

（2）双二次 Bezier 曲面

当 $m=n=2$ 时，可得到双二次 Bezier 曲面，这是一种特殊的参数曲面，它在两个方向上都是二次的，即它的控制点网格是一个 3×3 的矩阵。这种曲面由九个控制点 P_{00}、P_{01}、P_{02}、P_{10}、P_{11}、P_{12}、P_{20}、P_{21}、P_{22} 定义，并且可以通过改变这些控制点来塑造曲面的形状。双二次 Bezier 曲面的数学表达式如式（3-28）所示：

$$S_{2,2}(u,v)=(u^2 \quad u \quad 1)\begin{pmatrix} 1 & -2 & 1 \\ -2 & 2 & 0 \\ 1 & 0 & 0 \end{pmatrix}\begin{pmatrix} P_{00} & P_{01} & P_{02} \\ P_{10} & P_{11} & P_{12} \\ P_{20} & P_{21} & P_{22} \end{pmatrix}\begin{pmatrix} 1 & -2 & 1 \\ -2 & 2 & 0 \\ 1 & 0 & 0 \end{pmatrix}\begin{pmatrix} v^2 \\ v \\ 1 \end{pmatrix}$$

$$(3\text{-}28)$$

双二次 Bezier 曲面是由四条抛物线段包围而成的。中间的一个顶点的变化不会对边界曲线产生影响。这意味着在周边八个控制点不变的情况下，适当地选择中心顶点的位置可以控制曲线的凹凸。这种控制方式是十分简单且直观的。

（3）双三次 Bezier 曲面

当 $m=n=3$ 时，可得到双三次 Bezier 曲面。双三次 Bezier 曲面由两组三次 Bezier 曲线交织而成，控制网格由 16 个控制点构成，其中 12 个点位于边界上，只有角上的 4 个点位于曲面上（如图 3-7 所示）。双三次 Bezier 曲面的数学表达式如式（3-29）所示。

$$S_{3,3}(u,v)=(u^3 \quad u^2 \quad u \quad 1)\begin{pmatrix} -1 & 3 & -3 & 1 \\ 3 & -6 & 3 & 0 \\ -3 & 3 & 0 & 0 \\ 1 & 0 & 0 & 0 \end{pmatrix}$$

$$\begin{pmatrix} P_{00} & P_{01} & P_{02} & P_{03} \\ P_{10} & P_{11} & P_{12} & P_{13} \\ P_{20} & P_{21} & P_{22} & P_{23} \\ P_{30} & P_{31} & P_{32} & P_{33} \end{pmatrix}\begin{pmatrix} -1 & 3 & -3 & 1 \\ 3 & -6 & 3 & 0 \\ -3 & 3 & 0 & 0 \\ 1 & 0 & 0 & 0 \end{pmatrix}\begin{pmatrix} v^3 \\ v^2 \\ v \\ 1 \end{pmatrix} \qquad (3\text{-}29)$$

3.3.4　B 样条曲线

虽然 Bezier 曲线有许多优点，但也存在一些不足。对于高阶或复杂的几何形状，

Bezier 曲线无法提供足够的表达能力。Bezier 曲线的平滑性和形状由控制点的数量决定。增加控制点可以提供更多的局部控制能力，但也会使曲线变得更复杂，导致视觉上的混乱和计算上的不便。在某些情况下，对 Bezier 曲线进行编辑会很困难。特别是当控制点数量较多时，调整一个控制点就会对曲线的其他部分产生不可预测的影响，使得精确控制变得困难。

B 样条（B-Spline）曲线保留了 Bezier 曲线的优点，同时克服了由于整体表示带来的不具备局部性质的缺点，具有表示与设计自由型曲线曲面的强大功能。

1. B 样条曲线的定义

在三维空间中，给定 $n+1$ 个控制点 $P_0, P_1, \cdots, P_n$，则这些点所确定的 k 阶 B 样条曲线可以用式（3-30）表示：

$$P(u) = \sum_{i=0}^{n} N_{i,k}(u) P_i, \quad u \in [u_{k-1}, u_{n+1}) \tag{3-30}$$

其中，基函数 $N_{i,k}(u)$ 的定义如式（3-31）所示：

$$\begin{cases} N_{i,1}(u) = \begin{cases} 1, & u_i \leq u \leq u_{i+1}, 0 \leq i \leq n+k-1 \\ 0, & \text{其他} \end{cases} \\ N_{i,l}(u) = \dfrac{u-u_i}{u_{i+l-1}-u_i} N_{i,l-1}(u) + \dfrac{u_{i+l}-u}{u_{i+l}-u_{i+1}} N_{i+1,l-1}(u), \\ u_i \leq u \leq u_{i+l}, 0 \leq i \leq n+k-l, 2 \leq l \leq k \end{cases} \tag{3-31}$$

其中，$u_0, u_1, \cdots, u_{n+k}$ 是一个非递减的序列，称为节点。

B 样条基函数有如下性质：

1）非负性：对于所有的 $i, l, u, N_{i,l}(u) \geq 0$，这是由式（3-32）所决定的。

$$N_{i,l}(u) = \frac{u-u_i}{u_{i+l-1}-u_i} N_{i,l-1}(u) + \frac{u_{i+l}-u}{u_{i+l}-u_{i+1}} N_{i+1,l-1}(u) \tag{3-32}$$

2）局部性：$N_{i,k}(u)$ 在区间 (u_i, u_{i+1}) 中为正，在其他地方 $N_{i,k}(u)$ 为 0，如式（3-33）所示。

$$N_{i,k}(u) \begin{cases} >0, & u_i < u < u_{i+k} \\ =0, & \text{其他} \end{cases} \tag{3-33}$$

3) 规范性：$N_{i,k}(u)$ 的值介于 0 和 1 之间，如式（3-34）所示。

$$0 \leqslant N_{i,k}(u) \leqslant 1 \tag{3-34}$$

4) 权性：对于从节点值 u_{k-1} 到 u_{n+1} 区间上的任一值 u，全体基函数之和为 1，即满足式（3-35）。

$$\sum_{i=0}^{n} N_{i,k}(u) = 1 \tag{3-35}$$

5) 连续性：$N_{i,k}(u)$ 的求导公式如式（3-36）所示。

$$N'_{i,k}(u) = (k-1)\left[\frac{N_{i,k-1}(u)}{u_{i+k-1}-u_i} - \frac{N_{i+1,k-1}(u)}{u_{i+k}-u_{i+1}}\right] \tag{3-36}$$

$N_{i,k}(u)$ 在 1 重节点处的连续阶不低于 $k-1$，因此增加次数可提高连续性次数，增加重节点数将降低连续性次数。

2. B 样条曲线的性质

B 样条曲线具有以下重要的性质：

1) 凸包性：根据 B 样条基函数的权性，B 样条曲线严格位于至多由 $n+1$ 个控制点所形成的凸包内，因此 B 样条与控制点位置密切关联。

2) 连续性和可微性：若一个节点向量中的节点均不相同，则 k 阶（$k-1$ 次）B 样条曲线在节点处为 $k-2$ 阶参数连续（C^{k-2} 连续性）。

由 B 样条基函数的微分公式，可得 B 样条曲线的导数曲线如式（3-37）所示：

$$
\begin{aligned}
P'(u) &= \left(\sum_{i=0}^{n} N_{i,k}(u) P_i\right)' \\
&= (k-1)\sum_{i=0}^{n}\left(\frac{N_{i,k-1}(u)}{u_{i+k-1}-u_i} - \frac{N_{i+1,k-1}(u)}{u_{i+k}-u_{i+1}}\right) P_i \\
&= (k-1)\sum_{i=0}^{n} N_{i,k-1}(u)\frac{P_i - P_{i-1}}{u_{i+k-1}-u_i}
\end{aligned} \tag{3-37}
$$

3) 局部可调性：因为 $N_{i,k}(u)$ 只在区间 $[u_i, u_{i+k+1})$ 中为正，在其他地方均取零值，所以 k 次的 B 样条曲线在修改时只被相邻的 $k+1$ 个顶点控制，而与其他顶点无关。当移动其中的一个顶点 P_i 时，只会影响到定义在区间 $[u_i, u_{i+k+1})$ 上的那部分曲线，并不对整条曲线产生影响。

4）变差缩减性：设 $P_0, P_1, \cdots, P_n$ 为 B 样条曲线的控制多边形，某平面与 B 样条曲线的交点个数不多于该平面与其控制多边形的交点个数。

5）几何不变性：B 样条曲线的形状和位置与坐标系的选取无关。

6）近似性：控制多边形是 B 样条曲线的线性近似，若进行节点插入或升阶，控制多边形会更逼近 B 样条曲线。次数越低，B 样条曲线越逼近控制顶点。

3. de Boor 算法

de Boor 算法是一种用于计算 B 样条曲线和曲面上任意点的方法。它是由 Carl de Boor 在 1972 年提出的，可用于高效地评估 B 样条基函数和它们的导数。

给定控制点 $P_i(i = 0, 1, \cdots, n)$、阶数 k 及节点向量 $(u_0, u_1, \cdots, u_{n+k})$，就可以使用 de Boor 算法计算并绘制 B 样条曲线上的点。

给定参数 $u \in [u_i, u_{i+1}) (k-1 \leqslant i \leqslant n)$，则可得出 de Boor 算法的递推公式，参见式（3-38）：

$$
\begin{aligned}
P(u) &= \sum_{j=0}^{n} P_j N_{j,k}(u) \\
&= \sum_{j=i-k+1}^{i} P_j N_{j,k}(u) \\
&= \sum_{j=i-k+1}^{i} P_j \left[\frac{u - u_j}{u_{j+k-1} - u_j} N_{j,k-1}(u) + \frac{u_{j+k} - u}{u_{j+k} - u_{j+1}} N_{j+1,k-1}(u) \right] \\
&= \sum_{j=i-k+1}^{i} \left[\frac{u - u_j}{u_{j+k-1} - u_j} P_j + \frac{u_{j+k-1} - u}{u_{j+k-1} - u_j} P_j \right] N_{j,k-1}(u), u \in [u_i, u_{i+1}) \quad (3\text{-}38)
\end{aligned}
$$

令

$$
P_j^{[r]}(u) = \begin{cases}
P_j, r = 0, j = i-k+1, i-k+2, \cdots, i \\
\dfrac{u - u_j}{u_{j+k-r} - u_j} P_j^{[r-1]}(u) + \dfrac{u_{j+k-r} - u}{u_{j+k-r} - u_j} P_{j-1}^{[r-1]}(u) \\
r = 1, 2, \cdots, k-1; j = i-k+r+1, i-k+r+2, \cdots, i
\end{cases} \quad (3\text{-}39)
$$

则

$$
\begin{aligned}
P(u) &= \sum_{j=i-k+1}^{i} P_j N_{j,k}(u) \\
&= \sum_{j=i-k+2}^{i} P_j^{[1]}(u) N_{j,k-1}(u)
\end{aligned}
$$

$$= \sum_{j=i-k+3}^{i} P_j^{[2]}(u) N_{j,k-2}(u)$$

$$= \cdots\cdots$$

$$= P_i^{[k-1]}(u) N_{i,1}(u)$$

$$= P_i^{[k-1]}(u) \tag{3-40}$$

下面是 de Boor 算法的 C++实现：

```cpp
struct Point { float x, y;              // 假设为二维控制点,可以扩展到三维或更高维度
};
// de Boor 算法实现
Point deBoor(int k, float x, const std::vector< float> & t,
const std::vector< Point> & c, int p) {
    int d = p + 1;                      // d是控制点的数量
    std::vector< Point> dVec(d);        // 用于存储递归结果的向量
    // 初始化 dVec
    for (int j = 0; j < d; ++j) {
        dVec[j] = c[j + k - p];         // 从控制点数组复制控制点到 dVec
    }
    // de Boor 递归计算
    for (int r = 1; r <= p; ++r) {
        for (int j = p; j >= r - 1; --j) {
            float alpha = (x - t[j + k - p]) / (t[j + 1 + k - r] - t[j + k - p]);
            dVec[j] = (1.0f - alpha) * dVec[j - 1] + alpha * dVec[j];
        }
    }
    return dVec[p];                     // 返回计算得到的点
}
```

4. 非均匀有理 B 样条

非均匀有理 B 样条（Non-Uniform Rational B-Spline，NURBS）是一种强大的数学工具，它解决了 B 样条曲线不能表示圆锥曲线的问题，同时保留了 B 样条曲线的优点。

NURBS 曲线是通过一组控制点 $P_i(i=0,1,\cdots,n)$、一组非零的权重 $W_i(i=0,1,\cdots,n)$ 和一个节点矢量来定义的。NURBS 的基本形式如式（3-41）所示：

$$P(u)=\sum_{i=0}^{n}R_{i,k}(u)P_i \tag{3-41}$$

其中，$R_{i,k}(u)$ 为有理基函数，如式（3-42）所示：

$$R_{i,k}(u)=\frac{W_i N_{i,k}(u)}{\sum_{i=0}^{n} W_i N_{i,k}(u)} \tag{3-42}$$

NURBS 中的"非均匀"是指节点矢量可以有非均匀的间隔。这意味着节点可以在参数空间内任意分布，而不用等间隔排列。这种非均匀性使 NURBS 能够更灵活地表示各种形状，特别是那些在某些区域有更高密度的控制点的形状。

NURBS 的"有理"特性意味着曲线或曲面的方程是通过权重来加权控制点的。这使 NURBS 能够表示退化的形状（如直线和平面），也能够通过调整权重来控制曲线和曲面的"厚度"或"圆滑度"。

与 B 样条曲线一样，NURBS 曲线具有局部调整性、凸包性、几何不变性等特性。另外，NURBS 曲线还具有如下的优点：

1) NURBS 能够精确表示各种几何形状，包括直线、圆、椭圆、自由形状以及它们的组合。这使得 NURBS 成为表示复杂几何形状的理想选择。

2) NURBS 的控制点和权重提供了直观的编辑方式，更适合交互式设计。用户可以通过直观地移动控制点和调整权重来修改形状，这在图形用户界面中尤其有用。

3) NURBS 已经成为许多行业标准和文件格式（如 ISO 标准和 IGES 文件格式）的基础，这使得 NURBS 在不同的软件和平台之间具有良好的兼容性。

NURBS 能够通过减少控制点的数量来压缩数据，而不损失形状的精度。这种数据压缩特性使得 NURBS 在存储和传输大量几何数据时非常高效。

3.3.5　B 样条曲面

B 样条曲面是 B 样条曲线的推广。在三维空间中，给定控制点 $P_{k+i,l+j}(i=0,1,\cdots,m,j=0,1,\cdots,n)$ 以及曲面参数 u,v，则 $m \times n$ 次 B 样条曲面的数学表示如式（3-43）所示：

$$Q_{kl}(u,v) = \sum_{i=0}^{m} \sum_{j=0}^{n} N_{i,m}(u) N_{j,n}(v) P_{k+i,l+j}, u,v \in [0,1] \qquad (3-43)$$

其中，$N_{i,m}(u)$ 和 $N_{j,n}(v)$ 为 B 样条基函数。

类似于 Bezier 曲面，下面将给出双一次均匀 B 样条曲面、双二次均匀 B 样条曲面和双三次均匀 B 样条曲面的定义。

1. 双一次均匀 B 样条曲面

当 $m=n=1$ 时，得到双一次 B 样条曲面，它由 4 个控制点构成：$P_{k,l}$、$P_{k,l+1}$、$P_{k+1,l}$、$P_{k+1,l+1}$。

此时 B 样条的基函数如式（3-44）所示：

$$N_{0,1}(u)=1-u,\quad N_{1,1}(u)=u,\quad N_{0,1}(v)=1-v,\quad N_{1,1}(v)=v \qquad (3\text{-}44)$$

得到双一次 B 样条曲面如式（3-45）所示：

$$
\begin{aligned}
Q_{kl}(u,v) &= \sum_{i=0}^{1}\sum_{j=0}^{1} N_{i,2}(u)N_{j,2}(v)P_{k+i,l+j} \\
&= (1-u\quad u)\begin{pmatrix} P_{k,l} & P_{k,l+1} \\ P_{k+1,l} & P_{k+1,l+1} \end{pmatrix}\begin{pmatrix} 1-v \\ v \end{pmatrix}
\end{aligned}
\qquad (3\text{-}45)
$$

类似于双一次 Bezier 曲面，双一次 B 样条曲面的形状也是马鞍面曲面。

2. 双二次均匀 B 样条曲面

当 $m=n=2$ 时，得到双二次 B 样条曲面，它由 9 个控制点构成，即 $P_{k+i,l+j}(i=0,1,2,j=0,1,2)$。此时 B 样条的基函数如式（3-46）和式（3-47）所示：

$$N_{0,2}(u)=\frac{1}{2}(u^2-2u+1),\quad N_{1,2}(u)=\frac{1}{2}(-2u^2+2u+1),\quad N_{2,2}(u)=\frac{1}{2}u^2$$

$$\qquad (3\text{-}46)$$

$$N_{0,2}(v)=\frac{1}{2}(v^2-2v+1),\quad N_{1,2}(v)=\frac{1}{2}(-2v^2+2v+1),\quad N_{2,2}(v)=\frac{1}{2}v^2$$

$$\qquad (3\text{-}47)$$

得到双二次 B 样条曲面如式（3-48）所示：

$$
\begin{aligned}
Q_{kl}(u,v) &= \sum_{i=0}^{2}\sum_{j=0}^{2} N_{i,3}(u)N_{j,3}(v)P_{k+i,l+j} \\
&= \frac{1}{4}(u^2\quad u\quad 1)\begin{pmatrix} 1 & -2 & 1 \\ -2 & 2 & 1 \\ 1 & 0 & 0 \end{pmatrix}\begin{pmatrix} P_{k,l} & P_{k,l+1} & P_{k,l+2} \\ P_{k+1,l} & P_{k+1,l+1} & P_{k+1,l+2} \\ P_{k+2,l} & P_{k+2,l+1} & P_{k+2,l+2} \end{pmatrix} \\
&\quad \begin{pmatrix} 1 & -2 & 1 \\ -2 & 2 & 1 \\ 1 & 0 & 0 \end{pmatrix}\begin{pmatrix} v^2 \\ v \\ 1 \end{pmatrix}
\end{aligned}
\qquad (3\text{-}48)
$$

由于二次 B 样条曲面基函数是一阶连续的，因此对于双二次 B 样条曲面，两片连接自然也是一阶连续的。

3. 双三次均匀 B 样条曲面

当 $m=n=3$ 时，得到双三次 B 样条曲面，它由 16 个控制点构成，即 $P_{k+i,l+j}$ （$i=0,1,2,3,j=0,1,2,3$）。则双三次 B 样条曲面可表示为式（3-49）所示的形式：

$$Q_{kl}(u,v)=\sum_{i=0}^{3}\sum_{j=0}^{3}N_{i,4}(u)N_{j,4}(v)P_{k+i,l+j} \tag{3-49}$$

读者可参照上述公式自行展开。

3.3.6　参数曲面建模的优势和劣势

参数曲面建模是一种强大的三维几何形状创建和表示技术，它通过参数化方法提供了精确控制和光滑连续性的显著优势，支持设计师进行局部编辑并适用于广泛的应用场景。然而，这种方法也面临着计算复杂性高、数据量大、存在可视化和渲染挑战以及拓扑结构修改困难等劣势，需要通过高效的算法和专业的技术知识来克服。尽管如此，参数曲面建模仍然是现代设计和建模中不可或缺的工具，能够创造出精确、高效且视觉上吸引人的三维模型。

3.4　隐式曲面建模

隐式曲面建模是一种在计算机图形学中用于表示三维形状的技术，它与传统的显式建模（如多边形网格建模）有着本质的不同。在隐式建模中，形状不是通过明确定义的顶点和边来构建的，而是通过一个或多个数学方程隐式地表示的。这种方法为三维设计提供了一种全新的视角，支持设计师以一种更为抽象和数学化的方式来思考和操作三维形状。

在三维空间中，隐式曲面通常由以下形式的方程定义，如式（3-50）所示：

$$S=\{(x,y,z)\in R^{3}\,|\,f(x,y,z)=0\} \tag{3-50}$$

其中，f 是一个标量函数，它将三维空间中的点 (x,y,z) 映射到一个实数值。当这个值为零时，对应的点位于曲面上。隐式曲面的方程可以用于表示各种几何形状，例如：

1）平面：$ax+by+cz+d=0$

2）球体：$x^2+y^2+z^2-r^2=0$

3）圆柱体：$x^2+y^2=r^2$

4）圆锥体：$x^2+y^2-z^2=r^2$

隐式曲面的方程非常直观，易于理解和表达。它们可以直接描述形状的几何特性，如平面、球体等。此外，隐式曲面的方程通常比参数化方程更简洁，尤其是在描述具有对称性或简单几何特性的形状时。对于隐式曲面，只需将空间中的点代入方程，即可判断该点是否在曲面上，或者是在曲面的内部或外部。

隐式曲面建模通过直接定义空间中的几何方程来描述形状，这种方法的优点是能够直观地表示具有对称性或简单几何特性的形状，便于进行几何运算（如布尔运算），以及判断点的归属。隐式曲面的主要优点之一是紧凑性。在大多数情况下，曲面是通过组合一些类球体隐式曲面定义的，而这些隐式曲面可以形成常见的滴状曲面。隐式曲面可以用于对流体甚至固体对象的表面进行建模。但它的劣势在于可视化和编辑不如参数化方法那么直观，对于复杂的形状，隐式曲面方程可能难以推导和理解，而且在进行某些计算和渲染操作时需要更复杂的算法和处理。

3.5　体素建模

体素建模是一种独特的三维建模技术，它在数字世界中以体素（体积像素）的形式构建物体。体素是三维空间中的最小单位，类似于二维图像中的像素。体素建模方法因其直观性和灵活性而在游戏开发、程序艺术和医学可视化等领域受到欢迎。

体素是一个三维空间中的小立方体，它具有特定的位置、大小和颜色等属性。在体素模型中，整个三维空间被划分为一个由体素组成的规则或不规则的网格。每个体素代表空间中一个固定大小的体积，可以是实心的，也可以是空心的，这取决于体素内部是否被激活或填充。三维网格上的每一个体素都包含相应的体信息。针对不同的应用，体素可以存储不同类型的数据，例如体素的密度、温度、颜色等。

体素渲染是一种将三维体素模型转换为可视化图像的技术，它涉及将体素空间中的体积单元（体素）及其属性（如颜色和透明度）映射到二维屏幕空间的像素上。这个过程包括场景设置、体素的可见性判断、颜色和光照计算以及图像合成，目标是在保持细节和质量的同时优化渲染速度和性能，尤其在处理大量体素时，需要高效的数据管理和抗锯齿技术来提升图像质量。

体素渲染的流程从设定场景和体素模型开始，其中每个体素具有颜色和透明度等属性；接着，通过三维坐标系统将体素空间映射到屏幕空间；然后，对每个体素进行可见性判断和光照计算，确定其对最终像素颜色的贡献；最后，将所有体素的贡献合成到最终图像中，通过抗锯齿等后处理技术优化图像质量，生成可供观察的二维渲染结果。

体素建模的优势在于具有直观性和灵活性，使设计师能够通过简单的添加或移除体素来快速塑造复杂的三维形状，特别适合用于有机和不规则的设计。许多图像处理算法也可以很自然地扩展到体素。当进行局部修改时，体素表示也可以用于实现编辑操作，如数字雕刻。

体素建模的劣势包括可能导致巨大的数据量和文件规模，以及在渲染（特别是在处理高分辨率模型）时需要大量计算资源，而且体素模型的粗糙度会限制细节表现的精细度。此外，对于体素表示，形状的全局修改和空间位置的改变开销很大。

3.6　构造实体几何

构造实体几何（Constructive Solid Geometry，CSG）是一种用于创建三维模型的方法。与线框几何或表面几何不同，实体几何不仅关注对象的外部形状，还要关注对象的内部结构和体积属性。实体几何表示方法在工程设计、建筑可视化和游戏开发等领域都发挥着至关重要的作用。

构造实体几何通过组合基本的几何图元（如立方体、球体、圆柱等）和应用布尔运算（如并集、交集、差集）来创建复杂的三维实体模型。基本的布尔运算包括：

1）并集（Union）：将两个或多个几何体合并成一个几何体。

2）交集（Intersection）：保留两个或多个几何体相交的部分。

3）差集（Difference）：从一个几何体中减去另一个几何体。

CSG 模型通常以树状结构表示。模型通常存储为二叉树的形式，叶子节点是图元，内部节点对应于布尔运算，树的根节点是最终的实体模型。

CSG 的建模过程如下所示：

1）创建一个或多个基本的几何图元。

2）通过布尔运算将几何图元组合成更复杂的形状。这些运算可以递归地应用，以形成复杂的模型。

3）通过细化和调整几何体的形状、大小和位置，以达到设计目标。

通过遍历 CSG 树，最终生成实体模型的几何表示。

构造实体几何为三维建模提供了一种直观且灵活的方法，它通过组合基本几何形状和应用布尔运算来创建复杂的实体模型，特别适合用于精确的工程设计和快速原型制作。然而，这种方法也存在缺点，随着模型复杂度的增加，数据量和管理难度也随之增加；在渲染和处理时需要大量的计算资源，特别是在执行复杂布尔运算时。

3.7　高级建模技术

高级建模技术涉及计算机图形学的前沿领域，它们通过结合最新的算法和对现实世界数据的深入分析，帮助设计师和研究人员创建出前所未有的高度真实和复杂的三维模型。这些技术不仅提高了模型的视觉真实性，还增强了模型的功能性和实用性，为多个行业带来了革命性的变化。下面将详细介绍两种高级建模技术，它们都具有独特的优势和应用场景。

3.7.1　基于图像的建模

基于图像的建模（Image-Based Modeling，IBM）技术利用二维图像信息来重建三维空间中的物体。该技术通常涉及图像识别、立体匹配和深度估计等过程。通过分析一系列从不同角度拍摄的图片，可以计算出每个像素点在三维空间中的位置，从而构建出物体的三维模型。这种方法在数字考古、建筑重建，以及创建虚拟现实内容的工作中尤为重要，因为它能够快速且低成本地从现实世界中捕获复杂的三维数据。

基于图像的建模方法需要对目标场景进行图像采集，使用相机从不同角度拍摄一系列照片，并通过图像处理技术（如去噪、增强、分割等）来提高图像质量，以确保后续特征提取和模型重建的准确性。特征提取是基于图像的建模的关键步骤，通过特征提取可以获得物体的形状、纹理、空间结构等特征信息，从而建立物体表面的对应关系，为后续的模型重建奠定基础。模型重建是基于图像的建模的核心环节，它根据提取的特征信息，通过图像重建算法（如立体视觉算法、表面重建算法等）恢复物体的三维几何模型。在模型重建过程中，还需要考虑模型的拓扑结构、表面细节和纹理映射等因素，并通过优化处理提高模型的准确性和逼真度。最后，要对重建的模型进行修正和调整，以使模型更符合实际需求。

基于图像的建模技术正朝着自动化、智能化的方向发展，通过结合深度学习、多模态数据融合和实时渲染等先进技术，能够不断提高三维场景重建的精度和真实感，并在云计算和高性能计算的支持下，实现大规模场景的高效处理。

读者可阅读本章的参考文献深入了解基于图像的建模。

3.7.2　三维激光扫描建模

三维激光扫描建模是一种通过使用激光扫描仪来精确测量物体形状和尺寸的技术。激光扫描仪通过发射激光束并捕捉其反射回来的光线来收集数据，生成高密度的点云数据。这些数据随后可以用于构建物体的详细三维模型。三维激光扫描建模在工程测量、产品设计验证以及文化遗产数字化保护等领域发挥着关键作用，因为它提供了一种快速、精确的方式来复制现实世界的物体和环境。

三维激光扫描技术通过高精度、快速且非接触性地捕捉物理空间的几何信息，为创建详细的三维模型提供了有效的手段，它能够精确地重建复杂或脆弱的对象与环境，同时节省了时间并减少了人为错误。未来，三维激光扫描技术的发展趋势是将更高分辨率的扫描设备、更先进的数据处理算法与人工智能和机器学习融合，进一步提高自动化程度和数据分析能力。

3.8　建模软件与工具

在计算机图形学和三维设计领域，建模软件与工具是实现创意和设计的关键。这些软件具有强大的功能和灵活的操作界面，能够帮助设计师将他们的想象转化为可视化的三维模型。本节将介绍一些常用的建模软件与工具。

3.8.1　工业设计建模软件

1. AutoCAD

AutoCAD 是由 Autodesk 公司精心打造，在全球范围内得到广泛使用的计算机辅助设计（CAD）软件。它以卓越的性能和灵活、丰富的功能著称，为用户提供了一个高效且易于掌握的设计平台。该软件拥有强大的二维绘图功能，支持用户以极高的精确度创建平面图、剖面图和技术图纸，这些图纸是工程设计的基础，能够确保设计意图被准确传达。同时，AutoCAD 还具备基础的三维设计能力，使用户能够构建和可视化三维模型，从而在早期阶段评估设计的可行性和效果。AutoCAD 已在建筑、土木工程、机械工程、电子设计、制造等领域得到了广泛应用，无论是在城市规划、建筑设计，还是在机械零件设计和产品工程中，AutoCAD 都发挥着至关重要的作用。它不仅提高了设计效率，也促进了创新，提高了精确性，因此成为现代设计和工程实践中不可或缺的工具。随着技术的发展，Autodesk 公司不断对 AutoCAD 进行更新和升级，引入了云服务、移动访问和增强现实等先进技术，进一步增强了软件的功能和用户体验，确保了其在行业中的领先地位。

2. CATIA

CATIA 是由 Dassault Systèmes 公司开发的一款领先的高级工业设计软件，旨在为复杂的产品设计和系统工程提供全面的解决方案。该软件覆盖产品开发的每个阶段，从最初的概念设计、详细设计、系统工程分析，到后期的制造、组装和维护。CATIA 集成了先进的建模工具、仿真技术和协作功能，能够帮助工程师和设计师共同开发复杂的产品，如汽车、飞机和高科技设备。它支持多种设计方法论，包括参数化建模、直接建模和混合建模，支持多学科优化，确保设计满足性能、耐久性和成本效益等多方面的目标。CATIA 的强大功能使其成为航空航天、汽车、工业机械和高科技产业中重要的工具，帮助企业加速创新，缩短产品上市时间，并提高产品质量。

3. SolidWorks

SolidWorks 是 Dassault Systèmes 公司旗下的一款专业软件，为机械设计和工程领域提供了一套全面的三维计算机辅助设计解决方案。该软件因用户友好的界面、强大的实体建模功能和精确的曲面设计能力而受到工程师和设计师的青睐。SolidWorks 不仅支持传统的零件和装配体设计，还提供了先进的模拟分析工具，使用户能够在设计阶段就进行结构、热、流体和运动等方面的仿真，从而优化产品性能并减少创建物理原型的需求。此外，SolidWorks 还具备丰富的扩展功能，如表面处理、模具设计和电气布线，因此能够满足不同行业和应用场景的特定需求。

4. Siemens NX

Siemens NX 是西门子公司推出的一款先进的产品生命周期管理（PLM）软件，它为产品设计、工程和制造提供了一个集成的平台，覆盖了从初步概念设计到最终产品发布的整个开发流程。Siemens NX 拥有强大的功能，包括参数化建模、复杂曲面设计、三维建模、装配体设计以及详细的工程图纸生成，使设计师和工程师能够在同一个软件环境中紧密协作，提高设计效率并减少错误。此外，NX 还集成了先进的仿真和验证工具，如有限元分析（FEA）、计算流体力学（CFD）和多体动力学，这些工具可以在产品开发的早期阶段预测产品性能、优化设计，并减少对物理原型的依赖。

5. Rhino

Rhino（Rhino 3D）是 Robert McNeel & Associates 公司开发的软件，以强大的 NURBS 建模能力而闻名，常用于工业设计、珠宝设计和建筑设计等领域，同时支持高精度的三维模型创建和编辑。

3.8.2 影视动画类建模软件

1. 3D MAX

3D MAX 是 Autodesk 公司推出的一款功能全面的专业三维动画软件，它在电影、电视、游戏开发和建筑可视化等创意产业中发挥着重要作用。这款软件提供了一系列高级建模工具，使用户能够创建从简单的几何形状到高度复杂的场景和角色。它的动画工具支持关键帧动画、逆动力学和角色动画，帮助动画师为模型赋予生动的运动和表情。3D MAX 的渲染引擎强大而灵活，支持多种渲染技术，包括光线追踪、全局光照和基于物理的渲染（PBR），确保最终输出的图像和动画具有电影级别的质量和真实感。此外，3D MAX 内置的特效制作工具集，如粒子系统、布料模拟和流体动力学，可以使创建复杂视觉效果的工作变得简单快捷。这款软件还具备良好的扩展性，支持各种插件和脚本，能够适应不断变化的行业需求和工作流程，因此成为三维艺术家和设计师实现创意和技术创新的首选工具。随着技术的不断进步，3D MAX 持续更新其功能和性能，以保持在竞争激烈的三维动画市场的领先地位。

2. Maya

Maya 是 Autodesk 公司旗下的一款业界领先的三维建模、动画和渲染软件，因强大的功能和灵活性在全球的电影制作、游戏开发和虚拟场景创建等领域占据着举足轻重的地位。这款软件提供了一套完整的工具集，支持从概念设计到最终渲染的完整三维内容创作流程。Maya 的建模工具让艺术家能够创建精细的几何形状和复杂的拓扑结构，动画系统则支持复杂的角色绑定和流畅的动画序列制作。

此外，Maya 还拥有强大的动力学模拟功能，包括流体、布料、毛发和粒子系统的模拟，这使得创造逼真的物理效果变得简单。Maya 的渲染引擎支持多种渲染技术，包括基于物理的渲染和光线追踪，确保输出的图像具有高度的真实感和艺术质量。Maya 还具备高级的特效和合成工具，使视觉效果的创作和后期处理变得更加高效。Maya 的用户界面直观且易于学习，同时，Autodesk 公司不断更新 Maya，引入新的特性和技术，如对虚拟现实和增强现实内容创作的支持，确保用户能够保持竞争力。

3. ZBrush

ZBrush 是由 Pixologic 公司精心打造的一款数字雕刻和绘画软件，它彻底改变了三维建模的传统流程，提供了一种更加直观和艺术化的创作方法。ZBrush 的核心特点在于其独特的界面和工具集，这些工具模拟了传统雕刻的手法和技巧，使艺术家能够以一种自然和直观的方式在数字空间中塑造和细化三维模型。软件的画布被称为"Z 球体"（ZSphere），它支持用户在没有明确网格限制的情况下进行雕刻，从而专注于创作的艺术性。ZBrush 的笔刷工具库非常庞大，库中提供了各种样式和大小的笔刷，可以用于添加精细的细节、纹理和复杂的表面特征。此外，ZBrush 还支持高级的纹理贴图和材质创建，使艺术家能够为模型添加逼真的颜色、金属感和粗糙度等视觉效果。ZBrush 的强大功能不仅限于雕刻，它还集成了强大的建模、动画和渲染工具，因而成为一个全面的三维内容创作平台。ZBrush 已广泛应用于游戏角色设计、电影特效制作、插图绘制和珠宝设计等领域，因灵活性和强大的功能而成为三维艺术家和设计师的首选工具。随着技术的不断发展，ZBrush 持续引入新的特性和工作流程，以满足不断变化的创意产业的需求。

4. Blender

Blender 是一款功能全面的开源三维创建套件，由非营利组织 Blender Foundation 支持和维护。它为用户提供了一个免费且强大的工具集，可用于三维建模、动画制作、物理模拟、高质量渲染、后期合成以及视频编辑等。Blender 以其强大的可用性和零成本的优势，在独立开发者、小型工作室、学生和爱好者中广受欢迎。这款软件拥有直观的用户界面，可以通过定制和扩展来适应各种工作流程，同时提供了丰富的教程和资源，使得新手和专业艺术家都能快速上手并提升技能。Blender 的建模工具支持多种建模技术，包括传统的多边形网格建模、曲面建模和雕刻，动画工具则能够创建复杂的关键帧动画和角色绑定。在渲染方面，Blender 内置了强大的 Eevee 渲染引擎，支持实时渲染和全局光照；同时，提供了基于光线追踪的 Cycles 渲染引擎，确保了渲染结果的逼真和专业。此外，Blender 的视频序列编辑器提供了时间线编辑、颜色校正和视觉效果合成等功能，使其成为一个真正的一站式三维创作平台。Blender 活跃的社区还能够不断贡献新的插件、脚本和改进建议，推动该软件的持续发展和创新。随着每个新版本的发布，Blender 都增加了新的功能、改进了现有工具，从而确保其在全球范围内保持竞争力，并满足不断增长的用户需求。

3.9 参考文献

[1] 刘浩，廖文和. 基于 Catmull-Clark 细分的曲面重构 [J]. 中国科学院大学学报，2007，24（3）：307-315.

[2] 刘钢，彭群生，鲍虎军. 基于图像建模技术研究综述与展望 [J]. 计算机辅助设计与图形学学报，2005，17（1）：18-27.

[3] GANOVELLI F，CORSINI M，PATTANAIK S，等. 计算机图形学导论——实用学习指南（WebGL 版）[M]. 邵绪强，李继荣，姜丽梅，等译. 北京：电子工业出版社，2017.

[4] 郭晓新，徐长青，杨瀛涛. 计算机图形学 [M]. 3 版. 北京：机械工业出版社，2017.

3.10 本章习题

1. 给定四个控制顶点 $P_0(0,0,0)$、$P_1(2,2,-2)$、$P_2(2,-1,-1)$ 和 $P_3(3,0,0)$，写出三次 Bezier 曲线的表达式，并计算参数 u 分别为 0、1/3、2/3 和 1 时的 Bezier 曲线上点的坐标。

2. 证明 Bezier 曲线的端点插值性和切向性。

3. 分析多边形网格建模方法的优势和劣势。

4. B 样条曲线的局部性是如何实现的？

5. Bezier 曲线的凸包性指什么？请证明之。

6. 隐式曲面建模和体素建模的优势和劣势分别是什么？

第 4 章 几何变换

根据实际需要，对图形进行改变大小、移动位置等操作是必不可少的。这些对于图形的空间位置进行改变的操作称为几何变换。

几何变换应用广泛，掌握基础的几何变换原理并进行实际应用是关键。本章主要包括两部分：二维几何变换和三维几何变换。首先，讲述二维几何变换的相关内容，从平移、缩放、旋转等基本变换到逆变换、复合变换和一些其他变换。接下来，讲述三维几何变换的相关内容，主要包括基本的三维变换、三维变换的矩阵表示，以及三维复合变换和其他变换。

4.1 基本的二维几何变换

平移、缩放、旋转是基本的二维几何变换，也是学习其他复杂的二维几何变换和三维几何变换的基础。本节将介绍几何变换中的一般概念，包括如何进行平移、缩放和旋转，以便为后续深入学习打下基础。

4.1.1 二维平移

对于任意一点 P，在 x 轴和 y 轴上增加任意位移量 d_x、d_y，形成新的坐标 $P^1(x^1, y^1)$，就实现了一个二维位置的平移，即将点 P 先在 x 轴上平移，再在 y 轴上进行平移，如图 4-1 所示。

x^1，y^1 的计算方法参见式 (4-1)。

$$x^1 = x + d_x, \quad y^1 = y + d_y \tag{4-1}$$

可以使用列向量来表示坐标 P 和平移量 $D(d_x, d_y)$，以及平移后新的坐标 P^1，见式 (4-2)：

$$\boldsymbol{P} = \begin{bmatrix} x \\ y \end{bmatrix}, \quad \boldsymbol{P}^1 = \begin{bmatrix} x^1 \\ y^1 \end{bmatrix}, \quad \boldsymbol{D} = \begin{bmatrix} d_x \\ d_y \end{bmatrix} \tag{4-2}$$

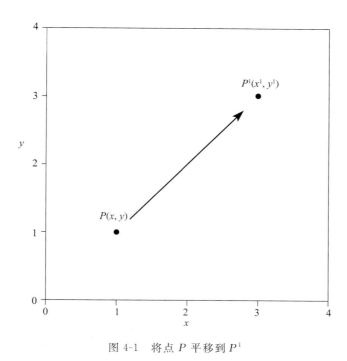

图 4-1 将点 P 平移到 P^1

那么式（4-1）可以写成式（4-3）的矩阵形式：

$$\boldsymbol{P}^1 = \boldsymbol{P} + \boldsymbol{D} \qquad\qquad (4\text{-}3)$$

平移只改变图形的位置而不改变图形大小。对于不同的图形，如对于一条直线段，对线段的两个端点使用式（4-3）找到平移后的位置，连接 2 个平移后的端点就形成平移后的线段；同理，如果图形是多边形，只需将多边形各顶点坐标进行对应的平移，连接改变后的各顶点就形成了平移后的多边形。

下面给出二维平移变换的相关代码：

```
1    # include <vector>
2
3    struct Point2D {
4        double x;
5        double y;
6
7        Point2D(double x = 0, double y = 0) : x(x), y(y) {}
8
9        // 平移点
10       Point2D translate(double tx, double ty) const {
11           return Point2D(x + tx, y + ty);
12       }
13   };
14
```

```
15    // 平移多边形
16    void translatePolygon(std::vector<Point2D>& polygon, double tx, double ty) {
17        for (auto& point : polygon) {
18            point = point.translate(tx, ty);
19        }
20    }
```

4.1.2　二维缩放

平移只改变图形的位置而不改变图形的大小，若要对图形的大小进行改动，就需要使用缩放变换。对于任意一点 P，在 x 轴方向缩放 s_x，在 y 轴方向缩放 s_y，生成新的坐标点 P^1。该缩放过程可通过式（4-4）的乘法运算实现：

$$x^1 = x \cdot s_x, \quad y^1 = y \cdot s_y \tag{4-4}$$

其中，s_x，s_y 为缩放系数。

式（4-4）也可以表示成矩阵的形式，见式（4-5）：

$$\begin{bmatrix} x^1 \\ y^1 \end{bmatrix} = \begin{bmatrix} s_x & 0 \\ 0 & s_y \end{bmatrix} \cdot \begin{bmatrix} x \\ y \end{bmatrix} \tag{4-5}$$

或

$$\boldsymbol{P}^1 = \boldsymbol{S} \cdot \boldsymbol{P} \tag{4-6}$$

在式（4-6）中，$\boldsymbol{S}$ 为式（4-5）所示的二维矩阵，称为缩放矩阵。

s_x 与 s_y 的值可以是任意选取的正值，若值小于 1，表示将图形缩小；若值大于 1，表示将图形放大；若值等于 1，表示图形的尺寸不会发生改变。当 $s_x = s_y$ 时，称为一致缩放，即保持原图形的相对比例不变；当 $s_x \neq s_y$ 时，称为差值缩放，表示原图形的相对比例发生改变。例如，对于一个正方形，对其进行缩放，其中 $s_x = 2$，$s_y = 1$，由于 $s_x \neq s_y$，因此进行的是差值缩放。正方形经过差值缩放后形成了一个长方形，这改变了原图形的尺寸。若 $s_x = 2$，$s_y = 2$，由于 $s_x = s_y$，因此进行的是一致缩放，正方形经过一致缩放后依然是正方形，只是边长变为原先的 2 倍。

需要注意的是，本节所讲的缩放是相对于原点而言的，故若缩放系数小于 1，图形在缩小的同时会更加靠近原点；而当缩放系数大于 1 时，图形在放大的同时会更加远离原点。

下面给出二维缩放变换的相关代码：

```
1    # include < vector>
2
3    struct Point2D {
4        double x;
5        double y;
6
7        Point2D(double x = 0, double y = 0) : x(x),y(y) {}
8
9        // 缩放点
10       Point2D scale(double sx, double sy) const {
11           return Point2D(x * sx,y * sy);
12       }
13   };
14
15   // 缩放多边形
16   void salePolyen(std::ector<Point2D>& polygon, double sx, double sy) {
17       for (auto& point : polygon) {
18           point = point . scale(sx, sy);
19       }
20   }
```

4.1.3　二维旋转

二维旋转以原点 O 为旋转点，图形中的任意一点 P 到原点 O 的线段 OP 为旋转半径，以旋转角度 θ 进行旋转，经过一次旋转变换后，图形中的每一个点都旋转到新的位置上，就形成了新图形。其中，规定逆时针旋转时旋转角度为正向角度；相反，顺时针旋转时为反向角度。

旋转可通过式（4-7）进行表示：

$$x^{1}=x \cdot \cos\theta - y \cdot \sin\theta, \quad y^{1}=x \cdot \sin\theta + y \cdot \cos\theta \tag{4-7}$$

使用矩阵形式可表示为式（4-8）：

$$\begin{bmatrix} x^{1} \\ y^{1} \end{bmatrix} = \begin{bmatrix} \cos\theta & -\sin\theta \\ \sin\theta & \cos\theta \end{bmatrix} \cdot \begin{bmatrix} x \\ y \end{bmatrix} \tag{4-8}$$

或式（4-9）：

$$\boldsymbol{P}^{1}=\boldsymbol{R} \cdot \boldsymbol{P} \tag{4-9}$$

其中，$\boldsymbol{R}$ 为式（4-8）中所示的二维矩阵，称为旋转矩阵。

下面介绍任意点 P 绕原点旋转 θ 角到 P^1 点的变换过程（如图 4-2 所示）。其中，r 是任意点 P 到原点的距离，也就是旋转半径，角 φ 是任意点 P 与原点所形成的线段与 x 轴的夹角。利用这些角度和半径，就可以写出变换后 P^1 点的坐标公式，并利用标准的三角等式进行替换，得到式（4-10）和式（4-11）：

$$x^1=r\cos(\varphi+\theta)=r\cos\varphi\cos\theta-r\sin\varphi\sin\theta \tag{4-10}$$

$$y^1=r\sin(\varphi+\theta)=r\cos\varphi\sin\theta+r\sin\varphi\cos\theta \tag{4-11}$$

在极坐标中，任意点 P 的坐标还可以表示为式（4-12）的形式：

$$x=r\cos\varphi,y=r\sin\varphi \tag{4-12}$$

将式（4-12）代入式（4-10）中，同时代入式（4-11）中，化简即可得到式（4-7）。

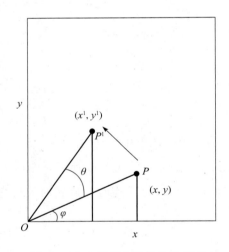

图 4-2　P 点绕原点旋转的示意图

旋转与平移相似，二者都没有改变图形的大小，而是使图形各个点的坐标发生改变。旋转后，图形中各个点都旋转了相同的角度。与平移类似，对于多边形，将线段的端点绕原点旋转 θ 角后的坐标可根据式（4-7）得到，最后将各线段端点连起来就得到了新图形。

下面给出了二维旋转变换的相关代码：

```
1    # include <cmath>
2    # include <vector>
3
4    struct Point2D {
5        double x;
```

```
6          double y;
7
8          Point2D(double x = 0, double y = 0) : x(x), y(y) {}
9
10         // 旋转点
11         Point2D rtate(double angle) const {
12             double cosTheta = std::cos(angle);
13             double sinTheta = std::sin(angle);
14             return Point2D(x * cosTheta - y * sinTheta, x * sinTheta + y * cosTheta);
15         }
16     };
17
18     // 旋转多边形
19     void rotatePolygon(std::vector<Point2D>& polygo, double angle) {
20         for (auto& point : polygon) {
21             point = point.rotate(angle);
22         }
23     }
```

4.2 二维几何变换的矩阵表示和齐次坐标

在上节中，我们已经学习了平移、旋转和缩放的矩阵表达式，平移的表达式是一个加法公式，旋转和缩放的表达式则是一个乘法表达式。有没有一种表达方式可以将三者统一处理呢？答案是齐次坐标，它可以将三种变换均转换为乘法表示。

在齐次坐标中，为每个点增加一个维度，即每个点用一个三维坐标来表示，那么一个点的坐标表示为 (x, y, z)。需要指出的是，齐次坐标的表示是不唯一的。例如，齐次坐标 $(1, 2, 3)$ 与 $(2, 4, 6)$ 表示一个点。基于这个特性，当 z 不为 0 时，点 (x, y, z) 与 $\left(\dfrac{x}{z}, \dfrac{y}{z}, 1\right)$ 表示同一点，通常，$\left(\dfrac{x}{z}, \dfrac{y}{z}\right)$ 称为齐次点的笛卡儿坐标。

对于 4.1 节中关于平移、缩放和旋转的矩阵表达式，使用齐次坐标可以统一变换成矩阵乘法的形式。

二维平移矩阵的矩阵乘法形式表示如式（4-13）所示：

$$\begin{pmatrix} x^1 \\ y^1 \\ 1 \end{pmatrix} = \begin{pmatrix} 1 & 0 & s_x \\ 0 & 1 & s_y \\ 0 & 0 & 1 \end{pmatrix} \cdot \begin{pmatrix} x \\ y \\ 1 \end{pmatrix} \tag{4-13}$$

或如式（4-14）所示：

$$\boldsymbol{P}^1 = \boldsymbol{D}(s_x, s_y) \cdot \boldsymbol{P} \tag{4-14}$$

其中，$D(s_x,s_y)$ 是式（4-13）中的平移矩阵。

二维缩放矩阵的矩阵乘法形式表示如式（4-15）和式（4-16）所示：

$$\begin{pmatrix} x^1 \\ y^1 \\ 1 \end{pmatrix} = \begin{pmatrix} s_x & 0 & 0 \\ 0 & s_y & 0 \\ 0 & 0 & 1 \end{pmatrix} \cdot \begin{pmatrix} x \\ y \\ 1 \end{pmatrix} \tag{4-15}$$

或

$$P^1 = S(s_x,s_y) \cdot P \tag{4-16}$$

其中，$S(s_x,s_y)$ 是式（4-15）中的缩放矩阵。

二维旋转矩阵的矩阵乘法形式表示如式（4-17）或式（4-18）所示：

$$\begin{pmatrix} x^1 \\ y^1 \\ 1 \end{pmatrix} = \begin{pmatrix} \cos\theta & -\sin\theta & 0 \\ \sin\theta & \cos\theta & 0 \\ 0 & 0 & 1 \end{pmatrix} \cdot \begin{pmatrix} x \\ y \\ 1 \end{pmatrix} \tag{4-17}$$

或

$$P^1 = R(\theta) \cdot P \tag{4-18}$$

其中，$R(\theta)$ 是式（4-17）中的旋转矩阵。

4.3 二维逆变换

二维逆变换，就是对二维空间中已经进行过的变换进行反向操作，以恢复或转换到原始状态。在线性代数中，逆变换通常是通过乘以变换矩阵的逆矩阵来实现的，即对各矩阵求逆，得到逆平移矩阵、逆旋转矩阵和逆缩放矩阵。需要注意的是，计算逆矩阵时需要判断矩阵是否可逆（即其行列式是否为零）。如果行列式为零，则矩阵不可逆，无法进行逆变换。

在实际应用中，为了避免直接计算逆矩阵（这可能会涉及复杂的数学运算，并存在潜在的数值稳定性问题），有时更倾向于使用原始变换矩阵的逆运算来直接进行逆变换。例如，对于平移，可直接向相反的方向平移等距离来实现逆变换；对于旋转，可直接旋转相反的角度来实现逆变换；对于缩放，可直接使用缩放因子的倒数来实现逆变换。

下面给出基本的二维几何变换——平移、缩放、旋转对应的逆矩阵。

对于平移变换，逆矩阵就是向相反的方向移动相同的距离。根据这个实际意义，将平移距离 s_x、s_y 取反就可以得到平移逆矩阵，如式（4-19）所示：

$$\boldsymbol{D}^{-1}=\begin{pmatrix} 1 & 0 & -s_x \\ 0 & 1 & -s_y \\ 0 & 0 & 1 \end{pmatrix} \tag{4-19}$$

利用逆平移矩阵 $\boldsymbol{D}^{-1}$，就可以达到向相反方向进行平移的目的。

对于缩放变换，逆矩阵就是原矩阵中缩放系数改为相应倒数后的矩阵。根据这个物理意义，取缩放系数 s_x、s_y 的倒数就可以得到缩放逆矩阵，如式（4-20）所示：

$$\boldsymbol{S}^{-1}=\begin{pmatrix} \dfrac{1}{s_x} & 0 & 0 \\ 0 & \dfrac{1}{s_y} & 0 \\ 0 & 0 & 1 \end{pmatrix} \tag{4-20}$$

利用逆缩放矩阵 $\boldsymbol{S}^{-1}$，就可以达到原缩放的反向操作的目的。

对于旋转变换，逆矩阵就是按时针相反方向旋转相同的角度。例如，旋转矩阵 $\boldsymbol{R}(\theta)$ 表示顺时针旋转 θ 角，那么逆旋转矩阵就是按照逆时针方向旋转 θ 角。根据这个物理意义，取角 θ 的负值就可以得到旋转逆矩阵，由于 $\cos(-\theta)=\cos\theta$，$\sin(-\theta)=-\sin\theta$，故得到式（4-21）：

$$\boldsymbol{R}^{-1}=\begin{pmatrix} \cos\theta & \sin\theta & 0 \\ -\sin\theta & \cos\theta & 0 \\ 0 & 0 & 1 \end{pmatrix} \tag{4-21}$$

利用逆旋转矩阵 $\boldsymbol{R}^{-1}$，就可以达到按相反方向旋转的目的。

4.4 二维复合变换

二维复合变换是指在图形上同时应用多种几何变换，这些变换可以是平移、缩放、旋转等。复合变换的结果可以通过将各个基本变换的矩阵综合起来进行一步到位的变换得到。

例如，复合平移意味着对同一图形进行两次或更多次平移，它的变换矩阵是将每次的平移矩阵相乘；复合缩放则是对图形进行连续缩放，它的变换矩阵是将每次的缩放矩阵相乘。类似地，复合旋转是将图形连续旋转，它的变换矩阵是将每次的旋转矩阵相乘，变换结果是将多次的旋转角度相加。

在实际应用中，复合变换的顺序非常重要，因为矩阵乘法不满足交换律，所以矩阵相乘的顺序不可交换。这意味着采用不同的变换顺序会产生不同的结果。

利用矩阵表达式，可以计算矩阵变换的乘积，这称为矩阵的复合。在实际场景中，如果从一个位置到另一个位置经过许多变换，那么将所有变换矩阵相乘形成一个复合矩阵，就可以得到一个位置到另一个位置的变换结果，这是一种高效率的计算方法。进行一系列变换后的位置可以采用式（4-22）进行计算：

$$P^1 = M_1 \cdot M_2 \cdot M_3 \cdot \cdots \cdot P$$
$$= M \cdot P \tag{4-22}$$

矩阵 M 就是最后得到的复合矩阵，将复合矩阵直接作用到图形上，就不需要进行一步一步的变换。

下面主要介绍复合平移矩阵、复合缩放矩阵和复合旋转矩阵。注意，在 4.4.1 节中介绍的旋转和缩放变换均是相对原点而言的，而在实际应用中，很多情况下都是非原点变换，4.4.2 节和 4.4.3 节会介绍如何按指定点进行旋转和缩放，即非原点旋转和非原点缩放。

4.4.1　二维基本复合变换

在二维基本复合变换中，二次平移指的是对图形进行两次连续的平移操作。这种变换可以通过矩阵运算来实现，将两次平移的向量相加得到最终的平移向量。

具体来说，如果图形首先沿 x 轴平移 s_{1x} 单位，然后沿 y 轴平移 s_{1y} 单位，接着沿 x 轴平移 s_{2x} 单位，最后沿 y 轴平移 s_{2y} 单位，那么这两次平移可以合并为一个平移操作。合并后的平移向量是 $(s_{1x}+s_{2x}, s_{1y}+s_{2y})$，二次平移对应的复合平移矩阵是

$$\begin{pmatrix} 1 & 0 & s_{1x}+s_{2x} \\ 0 & 1 & s_{1y}+s_{2y} \\ 0 & 0 & 1 \end{pmatrix}。$$

通过计算二个平移矩阵的乘积，可以得到平移复合变换矩阵，如式（4-23）所示：

$$\begin{pmatrix} 1 & 0 & s_{1x} \\ 0 & 1 & s_{1y} \\ 0 & 0 & 1 \end{pmatrix} \cdot \begin{pmatrix} 1 & 0 & s_{2x} \\ 0 & 1 & s_{2y} \\ 0 & 0 & 1 \end{pmatrix} = \begin{pmatrix} 1 & 0 & s_{1x}+s_{2x} \\ 0 & 1 & s_{1y}+s_{2y} \\ 0 & 0 & 1 \end{pmatrix} \tag{4-23}$$

因此，两个连续平移可以通过将平移单位相加来合成一个平移操作，也可以表示为：

$$\begin{aligned} \boldsymbol{P}' &= \boldsymbol{D}(s_{1x},s_{1y}) \cdot \boldsymbol{D}(s_{2x},s_{2y}) \cdot \boldsymbol{P} \\ &= \boldsymbol{D}(s_{1x}+s_{2x},s_{1y}+s_{2y}) \cdot \boldsymbol{P} \end{aligned} \tag{4-24}$$

同样，对于旋转复合变换，假设对任意点 P 连续进行两次旋转角度分别为 θ_1 和 θ_2 的旋转变换，根据式（4-22），计算两个旋转矩阵的乘积，得到旋转复合变换矩阵如式（4-25）所示：

$$\begin{pmatrix} \cos\theta_1 & -\sin\theta_1 & 0 \\ \sin\theta_1 & \cos\theta_1 & 0 \\ 0 & 0 & 1 \end{pmatrix} \cdot \begin{pmatrix} \cos\theta_2 & -\sin\theta_2 & 0 \\ \sin\theta_2 & \cos\theta_2 & 0 \\ 0 & 0 & 1 \end{pmatrix} = \begin{pmatrix} \cos\theta_1+\cos\theta_2 & -(\sin\theta_1+\sin\theta_2) & 0 \\ \sin\theta_1+\sin\theta_2 & \cos\theta_1+\cos\theta_2 & 0 \\ 0 & 0 & 1 \end{pmatrix}$$

$$\tag{4-25}$$

观察该复合旋转矩阵，可以发现，两个连续的旋转变换可以通过将旋转角度相加来合成一个旋转操作，因此也可以表示为式（4-26）所示的形式：

$$\boldsymbol{P}' = \boldsymbol{R}(\theta_1) \cdot \boldsymbol{R}(\theta_1) \cdot \boldsymbol{P} = \boldsymbol{R}(\theta_1+\theta_2) \cdot \boldsymbol{P} \tag{4-26}$$

对于缩放复合变换，假设两个连续的缩放因子为 (s_{1x},s_{1y}) 和 (s_{2x},s_{2y})，作用于任意点 P 上，根据式（4-22），计算两个缩放矩阵的乘积，得到缩放复合变换矩阵如式（4-27）所示：

$$\begin{pmatrix} s_{1x} & 0 & 0 \\ 0 & s_{1y} & 0 \\ 0 & 0 & 1 \end{pmatrix} \cdot \begin{pmatrix} s_{2x} & 0 & 0 \\ 0 & s_{2y} & 0 \\ 0 & 0 & 1 \end{pmatrix} = \begin{pmatrix} s_{1x} \cdot s_{2x} & 0 & 0 \\ 0 & s_{1y} \cdot s_{2y} & 0 \\ 0 & 0 & 1 \end{pmatrix} \tag{4-27}$$

观察该复合缩放矩阵，可以发现，两个连续的缩放可以通过将缩放因子相乘来合成一个操作，也可以表示为式（4-28）所示的形式：

$$\boldsymbol{P}' = \boldsymbol{S}(s_{1x}, s_{1y}) \cdot \boldsymbol{S}(s_{2x}, s_{2y}) \cdot \boldsymbol{P} = \boldsymbol{S}(s_{1x} \cdot s_{2x}, s_{1y} \cdot s_{2y}) \cdot \boldsymbol{P} \tag{4-28}$$

4.4.2　非原点的旋转变换

在前面的内容中，我们学习的旋转是基于原点的旋转，那么如何将图形绕任意点 $P_1(x_r, y_r)$ 点旋转呢？我们可以使用已经学过的绕原点旋转的思路来简化这个问题，通过组合平移和旋转操作，将复杂的问题分为三部分，并逐步解决。

假设将图形绕点 $P_1(x_r, y_r)$ 旋转 θ 角，那么这个工作可以分解为如下操作：

1）平移 P_1 点到坐标原点。

2）将图形绕坐标原点旋转 θ 角。

3）平移 P_1 点回到原始位置。

这个过程如图 4-3 所示。

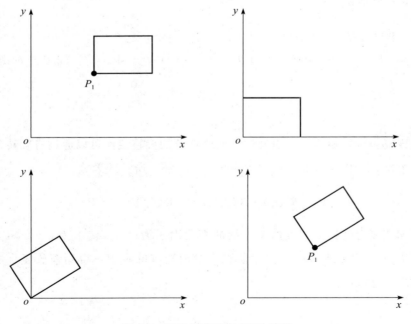

图 4-3　图形绕着固定点 P_1 旋转

利用矩阵合并可以得到对应的复合变换矩阵，如式（4-29）所示：

$$\begin{pmatrix} 1 & 0 & x_r \\ 0 & 1 & y_r \\ 0 & 0 & 1 \end{pmatrix} \cdot \begin{pmatrix} \cos\theta & -\sin\theta & 0 \\ \sin\theta & \cos\theta & 0 \\ 0 & 0 & 1 \end{pmatrix} \cdot \begin{pmatrix} 1 & 0 & -x_r \\ 0 & 1 & -y_r \\ 0 & 0 & 1 \end{pmatrix} = \begin{pmatrix} \cos\theta & -\sin\theta & x_r(1-\cos\theta)+y_r\sin\theta \\ \sin\theta & \cos\theta & y_r(1-\cos\theta)-x_r\sin\theta \\ 0 & 0 & 1 \end{pmatrix}$$

$$(4\text{-}29)$$

由此，就得到了图形绕 $P_1(x_r, y_r)$ 点旋转 θ 角的复合变换矩阵。

4.4.3 非原点的缩放变换

在前面的内容中，我们学习的缩放是基于原点的缩放，那如何让图形基于任意点 $P_1(x_s, y_s)$ 点进行缩放呢？我们同样可以使用已经学过的基于原点缩放的思路来简化这个问题，将复杂的问题分为三部分，再通过基本变换逐步解决。

假设让图形基于点 $P_1(x_r, y_r)$ 进行缩放，在 x 轴上的缩放因子是 s_x，在 y 轴上的缩放因子是 s_y，这个问题可分解为如下操作：

1）平移，使得 P_1 点到坐标原点。

2）基于坐标原点进行缩放。

3）平移 P_1 点回到原始位置。

上述过程如图 4-4 所示。

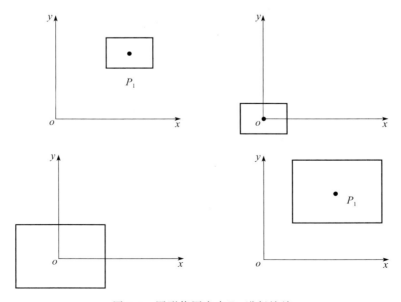

图 4-4 图形绕固定点 P_1 进行缩放

利用矩阵合并可以得到对应的复合变换矩阵，如式（4-30）所示：

$$\begin{pmatrix} 1 & 0 & x_r \\ 0 & 1 & y_r \\ 0 & 0 & 1 \end{pmatrix} \cdot \begin{pmatrix} s_x & 0 & 0 \\ 0 & s_y & 0 \\ 0 & 0 & 1 \end{pmatrix} \cdot \begin{pmatrix} 1 & 0 & -x_r \\ 0 & 1 & -y_r \\ 0 & 0 & 1 \end{pmatrix} = \begin{pmatrix} s_x & 0 & x_r(1-s_x) \\ 0 & s_y & y_r(1-s_y) \\ 0 & 0 & 1 \end{pmatrix} \quad (4\text{-}30)$$

由此，就得到了图形绕 $P_1(x_r, y_r)$ 点缩放 (s_x, s_y) 的复合变换矩阵。

4.5 其他的二维几何变换

4.5.1 剪切变换

二维剪切变换（Shearing）是计算机图形学中的一种基本变换，用于将一些点沿着某个方向（通常是 x 轴或 y 轴）平移一定的距离形成一种新的图形。这种变换可以改变图形的外观，使其呈现出一种倾斜或斜切的效果。

在二维剪切变换中，图形中的每个点都会根据指定的剪切系数进行移动。剪切系数决定了图形在 x 轴或 y 轴方向上的倾斜程度。通过调整剪切系数，可以实现不同的剪切效果。

具体来说，二维剪切变换可以分解为两个方向上的操作：x 剪切和 y 剪切。在 x 剪切中，图形中的点沿 y 轴方向进行移动，移动距离与点的 x 坐标成比例。类似地，在 y 剪切中，图形中的点沿 x 轴方向进行移动，移动距离与点的 y 坐标成比例。

如图 4-5 所示是剪切变换的示意图。

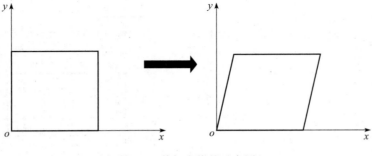

图 4-5　剪切变换的示意图

若将图形沿 x 轴方向进行剪切变换，拉伸 x_s，图形有如下特点：

1）变换后，图形的 y 坐标值均保持不变。

2）最低点在 x 轴方向不发生改变。

3）除最低点外，图形其他点的 x 轴坐标移动 x_s。

若将图形沿 x 轴方向进行剪切变换，拉伸 x_s，可以使用式（4-31）所示的剪切矩阵：

$$\begin{pmatrix} 1 & 0 & x_s \\ 0 & 1 & 0 \\ 0 & 0 & 1 \end{pmatrix} \tag{4-31}$$

若将图形沿 y 轴方向进行剪切变换，拉伸 y_s，可以使用式（4-32）所示的剪切矩阵：

$$\begin{pmatrix} 1 & 0 & 0 \\ 0 & 1 & y_s \\ 0 & 0 & 1 \end{pmatrix} \tag{4-32}$$

4.5.2　镜像变换

镜像变换是将平面上的一个点通过一个镜面反射到另一点的变换过程。这种变换可以改变图形的位置，使图形在左右或上下方向上对称。镜像变换在实际生活中有广泛的应用，如镜子中的反射、魔术表演中的图形变换等。

根据镜像轴的不同，镜像变换可以分为不同类型，下面进行介绍。

1. 对折线为 x 轴

基于直线 $y = 0$（即 x 轴）进行镜像变换时，保持 x 轴的坐标不变，翻转 y 轴坐标的值。镜像变换后的效果如图 4-6 所示，该镜像变换矩阵如式（4-33）所示：

$$\begin{pmatrix} 1 & 0 & 0 \\ 0 & -1 & 0 \\ 0 & 0 & 1 \end{pmatrix} \tag{4-33}$$

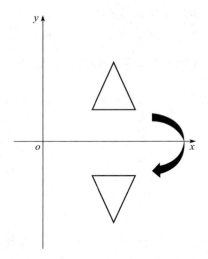

图 4-6　对折线为 x 轴进行的镜像变换

2. 对折线为 y 轴

基于直线 $x=0$（即 y 轴）进行镜像变换时，保持 y 轴的坐标不变，翻转 x 轴坐标的值。镜像变换后的效果如图 4-7 所示，该镜像变换矩阵如式（4-34）所示：

$$\begin{pmatrix} -1 & 0 & 0 \\ 0 & 1 & 0 \\ 0 & 0 & 1 \end{pmatrix} \tag{4-34}$$

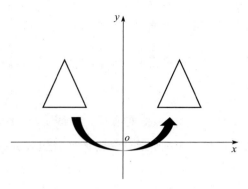

图 4-7　对折线为 y 轴进行的镜像变换

3. 对折线为 y＝x

基于直线 $y=x$ 进行镜像变换时，镜像变换后的效果如图 4-8 所示，该镜像变换矩阵如式（4-35）所示：

$$\begin{pmatrix} 0 & 1 & 0 \\ 1 & 0 & 0 \\ 0 & 0 & 1 \end{pmatrix}$$

(4-35)

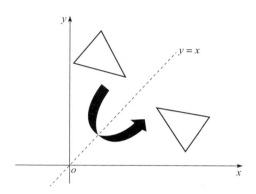

图 4-8 对折线为 $y = x$ 进行的镜像变换

4. 基于原点 (0,0) 对折

基于原点 (0,0) 进行镜像变换时，x 轴、y 轴的坐标值均翻转为其相反值。镜像变换后的效果如图 4-9 所示，该镜像变换矩阵如式（4-36）所示：

$$\begin{pmatrix} -1 & 0 & 0 \\ 0 & -1 & 0 \\ 0 & 0 & 1 \end{pmatrix}$$

(4-36)

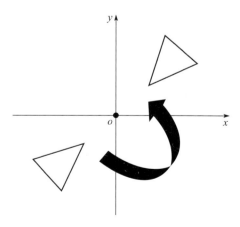

图 4-9 基于原点进行的镜像变换

4.6　基本的三维变换

将二维几何变换扩展到三维几何变换并不是一个简单、直接的过程，因为二维空间中的许多概念和性质在三维空间中不再适用。但是，变换原理是相似的，都是通过线性代数中的矩阵运算来实现对点或向量的变换。

三维几何变换与二维几何变换相似，只是涉及三个维度——x 方向、y 方向和 z 方向。三维变换同样包括平移、缩放、旋转等基本变换。在三维空间中，旋转可以绕 x 轴、y 轴或 z 轴进行，也可以进行更复杂的复合旋转。

在进行二维几何变换时，可以使用 3×3 的变换矩阵对矩阵进行操作。类似地，进行三维扩展时，三维变换矩阵要扩展一个维度，使用 4×4 的变换矩阵。同二维变换一样，对图形进行变换可以通过依次合并对应的变换矩阵来得到一个最终的矩阵，该矩阵与坐标向量数相乘来实现图形变换。这种方法同样适用于三维变换。

在三维坐标系下，假设点 $Q(x,y,z)$ 是图形上的任意一点，经过平移、缩放、旋转后的坐标为 $Q^1(x^1,y^1,z^1)$。将图形上的每一点进行对应的变换后，连接各点形成新的图形，即获得变换后的图形。

4.6.1　三维平移

三维平移是指图形在三维空间中沿 x、y、z 轴方向移动一段距离，而图形的大小和形状保持不变。设图形在三个坐标方向上的移动量分别为 d_x、d_y、d_z，变换后的坐标可以通过式（4-37）得到：

$$x^1 = x + d_x, y^1 = y + d_y, z^1 = z + d_z \tag{4-37}$$

使用列向量来表示坐标 Q 和平移量 $D(d_x,d_y,d_z)$，以及最后平移后新的坐标 Q^1，见式（4-38）：

$$\boldsymbol{Q} = \begin{pmatrix} x \\ y \\ z \end{pmatrix}, \quad \boldsymbol{Q}^1 = \begin{pmatrix} x^1 \\ y^1 \\ z^1 \end{pmatrix}, \quad \boldsymbol{D} = \begin{pmatrix} d_x \\ d_y \\ d_z \end{pmatrix} \tag{4-38}$$

那么式（4-37）可以写成下列矩阵形式：

$$Q^1 = Q + D \tag{4-39}$$

三维平移矩阵的乘法形式表示如式（4-40）所示：

$$\begin{bmatrix} x^1 \\ y^1 \\ z^1 \\ 1 \end{bmatrix} = \begin{bmatrix} 1 & 0 & 0 & d_x \\ 0 & 1 & 0 & d_y \\ 0 & 0 & 1 & d_z \\ 0 & 0 & 0 & 1 \end{bmatrix} \cdot \begin{bmatrix} x \\ y \\ z \\ 1 \end{bmatrix} \tag{4-40}$$

或式（4-41）：

$$P^1 = D(s_x, s_y, d_z) \cdot P \tag{4-41}$$

其中，$D(s_x, s_y, d_z)$ 是式（4-40）中的平移矩阵。

下面是三维平移变换的代码：

```
1    # include <vector>
2
3    struct Point3D {
4        double x;
5        double y;
6        double z;
7
8        Point3D(double x = 0,double y = 0, double z = 0) : x(x), y(y), z(z) {}
9
10       // 平移点
11       Point3D translate(double tx, double ty, double tz) const {
12           return Point3D(x + tx, y+ ty, z+ tz);
13       }
14   };
15
16   // 平移三维多边形(由顶点数组表示)
17   void translatePolygon(std::vector<Point3D>& polygon, double tx, double ty, double tz)
18       for (auto& point : polygon) {
19           point = point. translate(tx, ty, tz);
20       }
21   }
```

4.6.2　三维缩放

三维缩放与二维缩放一致的是，它们都改变了物体的大小（本节讨论的缩放是针对原点而言）；与二维缩放不同的是，三维缩放不仅考虑了物体在 x 轴和 y 轴方向上的大小变化，还涉及 z 轴方向的缩放。若想实现对于任意一点 Q，在 x 轴方向缩放

s_x，在 y 轴方向缩放 s_y，在 z 轴方向缩放 s_z，从而达到新的坐标点 Q^1，可通过式（4-42）的乘法运算得出：

$$x^1 = x \cdot s_x, \quad y^1 = y \cdot s_y, \quad z^1 = z \cdot s_z \tag{4-42}$$

其中，s_x，s_y 和 s_z 被称为缩放系数。

式（4-42）也可以表示成式（4-43）所示的矩阵形式：

$$\begin{pmatrix} x^1 \\ y^1 \\ z^1 \end{pmatrix} = \begin{pmatrix} s_x & 0 & 0 \\ 0 & s_y & 0 \\ 0 & 0 & s_z \end{pmatrix} \cdot \begin{pmatrix} x \\ y \\ z \end{pmatrix} \tag{4-43}$$

或式（4-44）的矩阵形式：

$$Q^1 = S \cdot Q \tag{4-44}$$

其中，S 为式（4-43）所示的为缩放矩阵。

三维缩放的矩阵表示如式（4-45）所示：

$$\begin{pmatrix} x^1 \\ y^1 \\ z^1 \\ 1 \end{pmatrix} = \begin{pmatrix} s_x & 0 & 0 & 0 \\ 0 & s_y & 0 & 0 \\ 0 & 0 & s_z & 0 \\ 0 & 0 & 0 & 1 \end{pmatrix} \cdot \begin{pmatrix} x \\ y \\ z \\ 1 \end{pmatrix} \tag{4-45}$$

或式（4-46）的形式：

$$Q^1 = S(s_x, s_y, s_z) \cdot Q \tag{4-46}$$

其中，$S(s_x, s_y, s_z)$ 是式（4-45）中的缩放矩阵。

下面给出了三维缩放变换的代码：

```
1    # include <vector>
2
3    struct Point3D {
4        double x;
5        double y;
6        double z;
7
8        Point3D(double x = 0, double y = 0, double z = 0) : x(x), y(y), z(z) {}
9
```

```
10          // 缩放点
11          Point3D scale(double sx, double sy, double sz) const {
12              return Point3D(x * sx, y * sy, z * sz);
13          }
14      };
15
16  // 缩放三维多边形(由顶点数组表示)
17  void scalePolygon(std::vector<Point3D>& polygon, double sx,double sy, double sz) {
18      for (auto& point : polygon) {
19          point = point.scale(sx, sy, sz);
20      }
21  }
```

4.6.3 三维旋转

三维几何旋转是指图形在三维空间中围绕某个轴线进行的旋转运动。在本节中，我们主要讨论如何将图形绕 x 轴、y 轴、z 轴三个坐标轴进行旋转。

在三维旋转中，绕哪个轴进行旋转，则该轴所在的坐标不发生改变。例如，将图形绕 z 轴进行旋转，那么 z 值保持不变，只需要研究 x 值和 y 值随旋转发生的变化；将图形绕 y 轴进行旋转时，则 y 值保持不变，只需要研究 x 值、z 值随旋转发生的变化；同理，将图形绕 x 轴进行旋转时，x 值保持不变，只需要研究 y 值和 z 值随旋转发生的变化。

首先，研究图形绕 z 轴旋转时的变换矩阵。

假设图形绕 z 轴旋转时的角度为 θ，旋转时，z 值保持不变，则问题被转换为：在 xoy 平面内图形各投影点旋转 θ 角度。这是一个二维平面，问题被简化为二维旋转问题。根据式（4-7），图形绕 z 轴旋转变换可以表示为式（4-47）：

$$
\begin{aligned}
x^1 &= x \cdot \cos\theta - y \cdot \sin\theta \\
y^1 &= x \cdot \sin\theta + y \cdot \cos\theta \\
z^1 &= z
\end{aligned} \tag{4-47}
$$

根据上述三维绕 z 轴旋转的表达式，同时类比二维旋转变换矩阵（4-17），可以得到绕 z 轴的旋转三维矩阵，见式（4-48）：

$$
\begin{pmatrix} x^1 \\ y^1 \\ z^1 \\ 1 \end{pmatrix} = \begin{pmatrix} \cos\theta & -\sin\theta & 0 & 0 \\ \sin\theta & \cos\theta & 0 & 0 \\ 0 & 0 & 1 & 0 \\ 0 & 0 & 0 & 1 \end{pmatrix} \cdot \begin{pmatrix} x \\ y \\ z \\ 1 \end{pmatrix} \tag{4-48}
$$

或式（4-49）：

$$Q^1 = R_z(\theta) \cdot Q \qquad (4\text{-}49)$$

其中，$R_z(\theta)$ 是式（4-48）中的绕 z 轴的旋转矩阵。

学习了图形绕 z 轴旋转的旋转矩阵，可以发现，由于绕坐标轴旋转时具有旋转轴的值不发生改变的特性，于是三维旋转问题可以简化为二维旋转问题。

故，当绕 x 轴进行旋转时，旋转变换可以表示为式（4-50）：

$$y^1 = y \cdot \cos\theta - z \cdot \sin\theta$$
$$z^1 = y \cdot \sin\theta + z \cdot \cos\theta \qquad (4\text{-}50)$$
$$x^1 = x$$

根据上述绕 x 轴旋转的三维表达式，同时类比二维旋转变换矩阵（4-17），可以得到绕 x 轴的旋转三维矩阵，见式（4-51）：

$$\begin{bmatrix} x^1 \\ y^1 \\ z^1 \\ 1 \end{bmatrix} = \begin{bmatrix} 1 & 0 & 0 & 0 \\ 0 & \cos\theta & -\sin\theta & 0 \\ 0 & \sin\theta & \cos\theta & 0 \\ 0 & 0 & 0 & 1 \end{bmatrix} \cdot \begin{bmatrix} x \\ y \\ z \\ 1 \end{bmatrix} \qquad (4\text{-}51)$$

或式（4-52）：

$$Q^1 = R_x(\theta) \cdot Q \qquad (4\text{-}52)$$

其中，$R_x(\theta)$ 是式（4-51）中的绕 x 轴的旋转矩阵。

当绕 y 轴进行旋转时，旋转变换可以表示为式（4-53）：

$$z^1 = z \cdot \cos\theta - x \cdot \sin\theta$$
$$x^1 = z \cdot \sin\theta + x \cdot \cos\theta \qquad (4\text{-}53)$$
$$y^1 = y$$

根据上述绕 y 轴旋转的三维表达式，同时类比二维旋转变换矩阵（4-17），可以得到绕 x 轴的旋转三维矩阵，见式（4-54）：

$$\begin{bmatrix} x^1 \\ y^1 \\ z^1 \\ 1 \end{bmatrix} = \begin{bmatrix} \cos\theta & 0 & \sin\theta & 0 \\ 0 & 1 & 0 & 0 \\ -\sin\theta & 0 & \cos\theta & 0 \\ 0 & 0 & 0 & 1 \end{bmatrix} \cdot \begin{bmatrix} x \\ y \\ z \\ 1 \end{bmatrix} \tag{4-54}$$

或式（4-55）：

$$\boldsymbol{Q}^1 = \boldsymbol{R}_y(\theta) \cdot \boldsymbol{Q} \tag{4-55}$$

其中，$\boldsymbol{R}_y(\theta)$ 是式（4-54）中的绕 y 轴的旋转矩阵。

下面给出了三维旋转变换（绕 z 轴旋转）的代码：

```
1    # include <cmath>
2    # include <vector>
3
4    struct Point3D {
5        double x;
6        double y;
7        double z;
8
9        Point3D(double x = 0, double y = 0, double z = 0) : x(x), y(y), z(z) {}
10
11       // 绕 z 轴旋转点
12       Point3D rotateZ(double angle) const {
13           double cosTheta = std::cos(angle);
14           double sinTheta = std::sin(angle);
15           return Point3D(x * cosTheta - y * sinTheta, x * sinTheta + y * cosTheta, z);
16       }
17   };
19   // 绕 z 轴旋转三维多边形(由顶点数组表示)
20   void rotatePolygonZ(std::vector<Point3D>& polygon, double angle) {
21       for (auto& point : polygon) {
22           point = point.rotateZ(angle);
23       }
24   }
```

4.7　三维复合旋转变换

三维复合变换是指对图形进行一次以上的基本几何变换，总变换矩阵是每一步变换矩阵相乘的结果。类似于二维复合变换，三维复合变换的变换矩阵也可以使用式（4-56）进行计算：

$$\begin{aligned} \boldsymbol{Q}^1 &= \boldsymbol{M}_1 \cdot \boldsymbol{M}_2 \cdot \boldsymbol{M}_3 \cdots \boldsymbol{Q} \\ &= \boldsymbol{M} \cdot \boldsymbol{Q} \end{aligned} \tag{4-56}$$

这里，Q 的物理含义是三维图形上一点，数学含义是一个 4×1 的矩阵；M_1、M_2、M_3 表示第一次、第二次、第三次对 Q 的基本变换矩阵；M 是得到的复合变换矩阵，可直接将复合变换矩阵 M 作用于三维图形上，不需要再单独进行一步一步的变换。具体来说，假设有一个点 Q，经过一系列基本几何变换后得到新的点 Q^1。这些基本几何变换包括平移、旋转、缩放，每个变换都对应一个变换矩阵。复合变换的过程就是将这些变换矩阵依次相乘，得到一个复合变换矩阵 M，然后通过 $M \cdot Q$ 运算得到 Q^1。

在三维图形学中，复合变换是一个重要的概念，它使得图形可以经过多个步骤的复杂变换，从而实现更加丰富的视觉效果和动画效果。例如，在三维游戏中，物体的移动、旋转和缩放等都可以通过复合变换来实现。

我们可以将 4.4 节对于二维复合变换的分类同样应用到三维复合变换中。在本节中，将介绍三维基本复合变换——复合平移变换、复合旋转变换和复合缩放变换。在三维复合变换中，可以相对于任一参考点进行缩放变换和旋转变换，变换前要将参考点平移到坐标原点，进行缩放或旋转变换后，再将参考点平移回原位置。

类似二维基本复合变换，对于三维基本复合变换，会分别给出进行两次相同的基本变换得到的复合变换矩阵。

4.7.1 复合平移变换

对于平移三维复合变换，可以采用类似二维平移变换的思路：如果图形先沿 x 轴平移 s_{1x} 单位，沿 y 轴平移 s_{1y} 单位，沿 z 轴平移 s_{1z} 单位；再沿 x 轴平移 s_{2x} 单位，沿 y 轴平移 s_{2y} 单位，沿 z 轴平移 s_{2z} 单位，那么这两次平移可以合并为一个平移操作。

合并后的平移向量是 $(s_{1x} + s_{2x}, s_{1y} + s_{2y}, s_{1z} + s_{2z})$。若使用式（4-22）中的矩阵乘法，同样可以得到复合平移变换矩阵，如式（4-57）所示：

$$
\begin{bmatrix} 1 & 0 & 0 & s_{1x} \\ 0 & 1 & 0 & s_{1y} \\ 0 & 0 & 1 & s_{1z} \\ 0 & 0 & 0 & 1 \end{bmatrix} \cdot \begin{bmatrix} 1 & 0 & 0 & s_{2x} \\ 0 & 1 & 0 & s_{2y} \\ 0 & 0 & 1 & s_{2z} \\ 0 & 0 & 0 & 1 \end{bmatrix} = \begin{bmatrix} 1 & 0 & 0 & s_{1x} + s_{2x} \\ 0 & 1 & 0 & s_{1y} + s_{2y} \\ 0 & 0 & 1 & s_{1z} + s_{2z} \\ 0 & 0 & 0 & 1 \end{bmatrix} \tag{4-57}
$$

通过上述结论可知，三维复合变换平移同样适用二维复合变换平移中的规律：平移复合变换是相加的，即对同一图形做两次平移相当于将两次平移相加。

4.7.2 基于原点的复合旋转变换

虽然三维平移复合变换类似二维平移变换，但三维旋转复合变换不同于二维旋转变换。因为二维旋转变换只是相对于原点进行旋转，没有对称轴的限制；而在三维旋转变换时，若旋转轴不同，旋转变换矩阵也是不同的。下面对三维旋转进行分类讨论。

1. 二次旋转变换的旋转轴相同

当二次旋转均是绕 z 轴进行时，解决思路如下：第一次旋转绕 z 轴旋转角度 θ_1，第二次旋转绕 z 轴旋转角度 θ_2，就相当于图形绕 z 轴旋转角度 $\theta_1+\theta_2$，此时复合旋转变换矩阵如下：

$$
\begin{pmatrix}
\cos(\theta_1+\theta_2) & -\sin(\theta_1+\theta_2) & 0 & 0 \\
\sin(\theta_1+\theta_2) & \cos(\theta_1+\theta_2) & 0 & 0 \\
0 & 0 & 1 & 0 \\
0 & 0 & 0 & 1
\end{pmatrix}
$$

若根据式（4-22）中的矩阵乘法，同样可以得到式（4-58）的复合旋转矩阵：

$$
\begin{pmatrix}
\cos\theta_1 & -\sin\theta_1 & 0 & 0 \\
\sin\theta_1 & \cos\theta_1 & 0 & 0 \\
0 & 0 & 1 & 0 \\
0 & 0 & 0 & 1
\end{pmatrix}
\cdot
\begin{pmatrix}
\cos\theta_2 & -\sin\theta_2 & 0 & 0 \\
\sin\theta_2 & \cos\theta_2 & 0 & 0 \\
0 & 0 & 1 & 0 \\
0 & 0 & 0 & 1
\end{pmatrix}
=
\begin{pmatrix}
\cos(\theta_1+\theta_2) & -\sin(\theta_1+\theta_2) & 0 & 0 \\
\sin(\theta_1+\theta_2) & \cos(\theta_1+\theta_2) & 0 & 0 \\
0 & 0 & 1 & 0 \\
0 & 0 & 0 & 1
\end{pmatrix}
$$

$$(4-58)$$

若二次旋转均绕 x 轴进行时，则解决思路如下：第一次旋转绕 x 轴旋转角度 θ_1，第二次旋转绕 x 轴旋转角度 θ_2，就相当于图形绕 x 轴旋转角度 $\theta_1+\theta_2$，此时复合旋转变换矩阵如下：

$$
\begin{pmatrix}
1 & 0 & 0 & 0 \\
0 & \cos(\theta_1+\theta_2) & -\sin(\theta_1+\theta_2) & 0 \\
0 & \sin(\theta_1+\theta_2) & \cos(\theta_1+\theta_2) & 0 \\
0 & 0 & 0 & 1
\end{pmatrix}
$$

根据式（4-22）中的矩阵乘法，同样可以得到式（4-59）的复合旋转矩阵：

$$
\begin{pmatrix}
1 & 0 & 0 & 0 \\
0 & \cos\theta_1 & -\sin\theta_1 & 0 \\
0 & \sin\theta_1 & \cos\theta_1 & 0 \\
0 & 0 & 0 & 1
\end{pmatrix}
\cdot
\begin{pmatrix}
1 & 0 & 0 & 0 \\
0 & \cos\theta_2 & -\sin\theta_2 & 0 \\
0 & \sin\theta_2 & \cos\theta_2 & 0 \\
0 & 0 & 0 & 1
\end{pmatrix}
=
\begin{pmatrix}
1 & 0 & 0 & 0 \\
0 & \cos(\theta_1+\theta_2) & -\sin(\theta_1+\theta_2) & 0 \\
0 & \sin(\theta_1+\theta_2) & \cos(\theta_1+\theta_2) & 0 \\
0 & 0 & 0 & 1
\end{pmatrix}
$$

$$(4\text{-}59)$$

若二次旋转均绕 y 轴进行，解决思路如下：第一次旋转绕 y 轴旋转角度 θ_1，第二次旋转绕 y 轴旋转角度 θ_2，就相当于图形绕 y 轴旋转角度 $\theta_1+\theta_2$，此时复合旋转变换矩阵如下：

$$
\begin{pmatrix}
\cos(\theta_1+\theta_2) & 0 & \sin(\theta_1+\theta_2) & 0 \\
0 & 1 & 0 & 0 \\
-\sin(\theta_1+\theta_2) & 0 & \cos(\theta_1+\theta_2) & 0 \\
0 & 0 & 0 & 1
\end{pmatrix}
$$

根据式（4-22）中的矩阵乘法，同样可以得到式（4-60）的复合旋转矩阵：

$$
\begin{pmatrix}
\cos\theta_1 & 0 & \sin\theta_1 & 0 \\
0 & 1 & 0 & 0 \\
-\sin\theta_1 & 0 & \cos\theta_1 & 0 \\
0 & 0 & 0 & 1
\end{pmatrix}
\cdot
\begin{pmatrix}
\cos\theta_2 & 0 & \sin\theta_2 & 0 \\
0 & 1 & 0 & 0 \\
-\sin\theta_2 & 0 & \cos\theta_2 & 0 \\
0 & 0 & 0 & 1
\end{pmatrix}
=
\begin{pmatrix}
\cos(\theta_1+\theta_2) & 0 & \sin(\theta_1+\theta_2) & 0 \\
0 & 1 & 0 & 0 \\
-\sin(\theta_1+\theta_2) & 0 & \cos(\theta_1+\theta_2) & 0 \\
0 & 0 & 0 & 1
\end{pmatrix}
$$

$$(4\text{-}60)$$

2. 二次旋转变换的旋转轴不同

若二次旋转变换的旋转轴不同，那么只能使用矩阵乘法，使用式（4-22）相乘得到二次旋转变换矩阵。下面主要针对前三种复合旋转情况进行讨论。

若第一次绕 z 轴旋转角度 θ_1，第二次绕 y 轴旋转角度 θ_2，使用式（4-22）进行矩阵相乘，得到复合旋转矩阵如式（4-61）所示：

$$
\begin{pmatrix}
\cos\theta_1 & -\sin\theta_1 & 0 & 0 \\
\sin\theta_1 & \cos\theta_1 & 0 & 0 \\
0 & 0 & 1 & 0 \\
0 & 0 & 0 & 1
\end{pmatrix}
\cdot
\begin{pmatrix}
\cos\theta_2 & 0 & \sin\theta_2 & 0 \\
0 & 1 & 0 & 0 \\
-\sin\theta_2 & 0 & \cos\theta_2 & 0 \\
0 & 0 & 0 & 1
\end{pmatrix}
=
\begin{pmatrix}
\cos\theta_1\cos\theta_2 & -\sin\theta_1 & \cos\theta_1\sin\theta_2 & 0 \\
\sin\theta_1\cos\theta_2 & \cos\theta_1 & \sin\theta_1\sin\theta_2 & 0 \\
-\sin\theta_2 & 0 & \cos\theta_2 & 0 \\
0 & 0 & 0 & 1
\end{pmatrix}
$$

$$(4\text{-}61)$$

若第一次绕 z 轴旋转角度 θ_1，第二次绕 x 轴旋转角度 θ_2，使用式（4-22）进行矩阵相乘，得到复合旋转矩阵如式（4-62）所示：

$$
\begin{pmatrix}
\cos\theta_1 & -\sin\theta_1 & 0 & 0 \\
\sin\theta_1 & \cos\theta_1 & 0 & 0 \\
0 & 0 & 1 & 0 \\
0 & 0 & 0 & 1
\end{pmatrix}
\cdot
\begin{pmatrix}
1 & 0 & 0 & 0 \\
0 & \cos\theta_2 & -\sin\theta_2 & 0 \\
0 & \sin\theta_2 & \cos\theta_2 & 0 \\
0 & 0 & 0 & 1
\end{pmatrix}
=
\begin{pmatrix}
\cos\theta_1 & -\sin\theta_1\cos\theta_2 & \sin\theta_1\sin\theta_2 & 0 \\
\sin\theta_1 & \cos\theta_1\cos\theta_2 & -\cos\theta_1\sin\theta_2 & 0 \\
0 & \sin\theta_2 & \cos\theta_2 & 0 \\
0 & 0 & 0 & 1
\end{pmatrix}
$$

$$(4\text{-}62)$$

若第一次绕 y 轴旋转角度 θ_1，第二次绕 x 轴旋转角度 θ_2，使用式（4-22）进行矩阵相乘，得到复合旋转矩阵如式（4-63）所示：

$$
\begin{pmatrix}
\cos\theta_1 & 0 & \sin\theta_1 & 0 \\
0 & 1 & 0 & 0 \\
-\sin\theta_1 & 0 & \cos\theta_1 & 0 \\
0 & 0 & 0 & 1
\end{pmatrix}
\cdot
\begin{pmatrix}
1 & 0 & 0 & 0 \\
0 & \cos\theta_2 & -\sin\theta_2 & 0 \\
0 & \sin\theta_2 & \cos\theta_2 & 0 \\
0 & 0 & 0 & 1
\end{pmatrix}
=
\begin{pmatrix}
\cos\theta_1 & \sin\theta_1\sin\theta_2 & \sin\theta_1\cos\theta_2 & 0 \\
0 & \cos\theta_2 & -\sin\theta_2 & 0 \\
-\sin\theta_1 & \cos\theta_1\sin\theta_2 & \cos\theta_1\cos\theta_2 & 0 \\
0 & 0 & 0 & 1
\end{pmatrix}
$$

$$(4\text{-}63)$$

4.7.3　基于原点的复合缩放变换

对于缩放三维复合变换，可以采用和二维平移变换类似的思路：假设有二个连续的缩放因子 (s_{1x}, s_{1y}, s_{1z}) 和 (s_{2x}, s_{2y}, s_{2z})，作用于任意点 Q 上，那么这两次缩放可以合并为一个缩放操作。合并后的缩放向量是 $(s_{1x} \cdot s_{2x}, s_{1y} \cdot s_{2y}, s_{1z} \cdot s_{2z})$，二次平移对应的复合缩放矩阵如下：

$$
\begin{pmatrix}
s_{1x} \cdot s_{2x} & 0 & 0 & 0 \\
0 & s_{1y} \cdot s_{2y} & 0 & 0 \\
0 & 0 & s_{1z} \cdot s_{2z} & 0 \\
0 & 0 & 0 & 1
\end{pmatrix}
$$

若使用式（4-22）进行矩阵相乘，同样可以得到复合缩放变换矩阵，见式（4-64）：

$$
\begin{pmatrix}
s_{1x} & 0 & 0 & 0 \\
0 & s_{1y} & 0 & 0 \\
0 & 0 & s_{1z} & 0 \\
0 & 0 & 0 & 1
\end{pmatrix}
\cdot
\begin{pmatrix}
s_{2x} & 0 & 0 & 0 \\
0 & s_{2y} & 0 & 0 \\
0 & 0 & s_{2z} & 0 \\
0 & 0 & 0 & 1
\end{pmatrix}
=
\begin{pmatrix}
s_{1x} \cdot s_{2x} & 0 & 0 & 0 \\
0 & s_{1y} \cdot s_{2y} & 0 & 0 \\
0 & 0 & s_{1z} \cdot s_{2z} & 0 \\
0 & 0 & 0 & 1
\end{pmatrix}
$$

$$(4\text{-}64)$$

通过上述结论可以发现，三维复合缩放变换同样可以采用二维复合缩放变换的规律：缩放复合变换是相乘的，即对同一图形做两次缩放相当于将缩放因子相乘。

4.7.4 非原点的旋转变换

三维非原点的旋转变换与二维非原点旋转变换有相似之处，也有不同。相似之处在于可以采用二维非原点旋转变换类似的方式，分三步逐步解决三维非原点旋转变换问题；不同点在于在平移到坐标原点之后，图形旋转的轴包括 x 轴、y 轴和 z 轴。下面我们将讨论图形绕着任意一点 $Q(d_x, d_y, d_z)$ 进行旋转的问题。

该问题可以分解为如下三步：

1）平移 Q 点到坐标原点。

2）将图形绕 z 轴旋转 θ 角度。

3）平移使得 Q 点回到原始位置。

利用矩阵合并可以得到对应的复合变换矩阵，见式（4-65）：

$$
\begin{pmatrix}
1 & 0 & 0 & d_x \\
0 & 1 & 0 & d_y \\
0 & 0 & 1 & d_z \\
0 & 0 & 0 & 1
\end{pmatrix}
\cdot
\begin{pmatrix}
\cos\theta & -\sin\theta & 0 & 0 \\
\sin\theta & \cos\theta & 0 & 0 \\
0 & 0 & 1 & 0 \\
0 & 0 & 0 & 1
\end{pmatrix}
\cdot
\begin{pmatrix}
1 & 0 & 0 & -d_x \\
0 & 1 & 0 & -d_y \\
0 & 0 & 1 & -d_z \\
0 & 0 & 0 & 1
\end{pmatrix}
$$

$$
=
\begin{pmatrix}
\cos\theta & -\sin\theta & 0 & d_x(1-\cos\theta)+d_y\sin\theta \\
\sin\theta & \cos\theta & 0 & d_y(1-\cos\theta)-d_x\sin\theta \\
0 & 0 & 1 & 0 \\
0 & 0 & 0 & 1
\end{pmatrix}
\tag{4-65}
$$

这样就得到图形绕点 $P_1(x_r, y_r)$ 旋转 θ 角的复合变换矩阵。

4.7.5 非原点的缩放变换

与二维非原点缩放变换的解决方法类似，可以分三步解决三维非原点缩放问题。假设三维空间中的任意一点为 $Q(d_x, d_y, d_z)$，将三维图形基于点 Q 进行缩放，在 x 轴上的缩放因子是 s_x，在 y 轴上的缩放因子是 s_y，在 y 轴上的缩放因子是 s_z，那么可以采用如下操作解决缩放问题：

1）平移，使得 Q 点移动到坐标原点。

2）基于坐标原点进行缩放。

3）平移 Q 点回到原始位置。

利用矩阵合并可以得到对应的复合变换矩阵，见式（4-66）：

$$
\begin{bmatrix} 1 & 0 & 0 & d_x \\ 0 & 1 & 0 & d_y \\ 0 & 0 & 1 & d_z \\ 0 & 0 & 0 & 1 \end{bmatrix} \cdot \begin{bmatrix} s_x & 0 & 0 & 0 \\ 0 & s_y & 0 & 0 \\ 0 & 0 & s_z & 0 \\ 0 & 0 & 0 & 1 \end{bmatrix} \cdot \begin{bmatrix} 1 & 0 & 0 & -d_x \\ 0 & 1 & 0 & -d_y \\ 0 & 0 & 1 & -d_z \\ 0 & 0 & 0 & 1 \end{bmatrix}
$$

$$
= \begin{bmatrix} s_x & 0 & 0 & d_x(1-s_x) \\ 0 & s_y & 0 & d_y(1-s_y) \\ 0 & 0 & s_z & d_z(1-s_z) \\ 0 & 0 & 0 & 1 \end{bmatrix} \tag{4-66}
$$

这样就得到了，图形绕 $Q(d_x, d_y, d_z)$ 点缩放 (s_x, s_y, s_z) 的复合变换矩阵。

4.8 其他的三维变换

在前面两节中，主要介绍了三维变换中的基本变换和一些复合变换。除了平移、旋转、缩放这些基本变换和相应的复合变换，还有一些其他的三维变换，比如投影变换。

投影变换在三维几何变换中扮演着重要的角色，它用于将三维空间中的物体映射到二维平面上，形成物体的二维投影图。这种变换在计算机图形学、计算机视觉以及工程绘图等领域有着广泛的应用。投影变换可以分为两类：透视投影和平行投影。

透视投影是一种更接近人眼视觉效果的投影方式。在透视投影中，充分考虑了投影中心、物体和投影面之间的位置关系。具体地说，投影线从物体的每一个点出发，经过投影中心，最后相交于投影面上，形成物体的二维投影。由于投影线在经过投影中心时会发生汇聚，因此物体的远近、大小和形状在投影面上都会有所变化，产生"近大远小"的视觉效果，从而增强了空间感和立体感。

平行投影则是一种更为简单的投影方式。在平行投影中，投影线都是平行的，它们从物体的每一个点出发，以相同的角度和方向投射到投影面上。由于投影线是平行的，因此物体的形状和大小在投影面上不会发生改变，只是位置发生了移动。平行投影可以分为正交投影和斜投影两种，它们的主要区别在于投影线与投影面之间的夹角不同。

在计算机图形学中，投影变换通常是通过矩阵运算来实现的。首先，需要确定投影中心、投影面和观察者的位置，然后构建相应的投影矩阵。接着，将三维物体的顶点坐标与投影矩阵相乘，得到它们在二维投影面上的坐标。最后，根据这些坐标绘制出物体的二维投影图。总结来说，投影变换是一种将三维物体转换为二维图像的重要技术，它不仅可以用于计算机图形学中的渲染和可视化，还可以用于计算机视觉中的目标识别、场景重建等任务。

4.9 本章习题

1. 给定一个二维点 $P(2,3)$，分别对该点进行平移变换（$T_x=1, T_y=2$）、缩放变换（$S_x=2, S_y=0.5$）和旋转变换（$\theta=45°$）。请计算变换后的新坐标。

2. 编写一个程序，输入一个二维图形（如矩形或三角形）的顶点坐标，并对其进行平移、缩放和旋转的组合变换，输出变换后的图形顶点坐标。

3. 解释齐次坐标在二维几何变换中的作用，并给出使用齐次坐标进行二维平移变换的示例。

4. 给定一个二维缩放变换矩阵（S_x, S_y），求它的逆变换矩阵，并解释逆变换的几何意义。

5. 简述二维复合变换的一般步骤，并给出先进行缩放（$S_x=2, S_y=2$）再进行旋转（$\theta=30°$）的复合变换矩阵。

6. 实现一个函数，该函数接受一个二维图形和一组复合变换参数（如平移、缩放和旋转），并返回经过复合变换后的图形。

7. 解释剪切变换和镜像变换的几何效果，并给出实现这两种变换的矩阵表示。

8. 对一个三维点 $P(10,21,13)$ 分别进行以下变换：平移（$T_x=1, T_y=2, T_z=3$）、缩放（$S_x=2, S_y=3, S_z=0.5$）和绕 z 轴旋转（$\theta=60°$），分别求出变换后的坐标。

9. 简述三维复合变换的一般步骤，并给出一个先进行缩放再进行旋转的复合变换矩阵示例。

10. 编写一个程序，输入一个三维物体的顶点坐标和一组复合变换参数，输出变换后物体的顶点坐标。

11. 在 4.6 节中给出了图形绕 z 轴旋转的代码，请参考该代码，分别给出图形绕 x 轴和绕 y 轴进行旋转变换的代码。

12. 研究并解释三维投影变换的原理和应用，给出实现投影变换的矩阵表示。

13. 对一个简单的三维物体（如立方体）应用投影变换，并描述变换后的视觉效果。

14. 几何变换在图像处理、虚拟现实和增强现实等领域有哪些最新应用和发展趋势？

第5章 光照绘制

光照绘制效果是影响图像真实感的重要因素之一。它不仅决定了物体表观（比如颜色和亮度等），还会影响场景中的阴影、折射、反射、投射等视觉效果。通过光照明模型计算光线与物体表面的相互作用，可以实现对真实光照效果的模拟。这包括对光源的类型、位置、强度和颜色的控制，以及对物体表面材质属性的处理。

5.1 光照的基本原理

5.1.1 光的性质

光是一种电磁波，波长范围大约在 380nm（紫外区域）到 750nm（红外区域）之间。不同波长的电磁波往往具有不同的特性。可见光是人眼能够感知的光的一小部分，波长大约在 400～700nm。

1. 光的波长和颜色

光的颜色取决于波长。如图 5-1 所示，不同波长的光对应于不同颜色。例如，波长较长的光更接近红色，而波长较短的光则更接近蓝色。在计算机图形学中，通过模拟不同波长的光的相互作用，可以创建逼真的颜色效果。

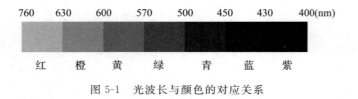

图 5-1　光波长与颜色的对应关系

2. 光的强度和亮度

光的强度是指光源发出的功率，通常与光源的亮度有关。亮度是人眼对光源或物体表面发出的光的感知强度。通过模拟光的强度和亮度，可以创建出具有深度和真实感的场景。

3. 光的传播

光以波的形式传播，可以直线传播，也可以在遇到不同介质的界面时发生反射和折射。这些现象对于计算机图形学中的光线追踪和渲染技术至关重要。

在定义光线时，一般遵循以下原则：

1）光线沿直线传播，遇到物体表面时发生反射或折射。

2）光线之间不会发生碰撞，即一束光线不会影响另一束光线的路径。

3）光线从光源发出，经过一系列传播和交互，最终进入观察者的眼睛。这一过程利用了光线的可逆性原理。

5.1.2　几何光学

计算机图形学中的光照模拟一般要使用几何光学。本节将介绍计算机图形学中经常使用的几何光学定理。

1. 反射定理

反射定理描述了入射光线、反射光线和法线之间的关系。在理想情况下，当光线遇到光滑表面时，反射遵循以下规则：

1）入射光线、反射光线和法线都位于同一个平面内。

2）入射角等于反射角。

3）入射光线和反射光线在法线上的投影关于法线对称。

反射定理经常用于渲染光滑和镜面材质的表面，模拟表面的高光和反射效果。

2. 折射定理

折射定理，也称为斯涅尔折射定律，是描述光线从一种介质进入另一种介质时，光线方向发生变化的物理规律。

折射定理的内容是，当光线从一个介质（如空气）进入另一个折射率不同的介质（如水或玻璃）时，光线的传播速度会发生变化，导致光线的方向发生偏转。折射定理说明了入射光线、折射光线和法线之间的关系，以及入射角和折射角之间的定量关系。

3. 菲涅尔定理

菲涅尔定理描述了光波在介质界面上反射和折射时的能量分配。菲涅尔定理涉及光波在两种不同折射率介质的分界面上的反射和折射现象。当光线从一种介质进入另一种介质时，一部分光线会被反射回原来的介质，另一部分则会折射进入新的介质。

菲涅尔定理经常用来模拟物体表面的反射和折射效果。例如，在渲染玻璃、水体、金属等材质时，菲涅尔定理可以用于计算不同观察角下的反射光强，从而创建逼真的视觉效果。

5.2　光照模型

光照模型用于计算光线与物体表面的相互作用，是实现高质量图形渲染的基础。本节将探讨各种光照模型，介绍如何模拟不同类型光源对场景的影响，包括点光源、聚光灯、区域光等。此外，本节还将讨论光照模型在实际应用中的优化策略，以及如何利用这些模型来增强图形的真实感和视觉吸引力。

5.2.1　简单光照模型

光照模型的发展可以追溯到计算机图形学的早期阶段。在 20 世纪六七十年代，随着计算机技术的进步，研究人员开始尝试使用计算机来生成和渲染三维图像。最初的光照模型非常基础，仅能模拟简单的光照效果。随着时间的推移，研究人员不断提出新的算法和改进方法，使得光照模型变得更加复杂和逼真。

1. 环境反射光

环境反射光是指光源发出的光线在场景中的物体表面经过多次反射后，最终到达观察者眼睛的光照效果。这种光照不直接来自光源，而是通过场景中的其他表面反射而来。

可以用式（5-1）来表示环境反射光的光亮度：

$$I_e = k_a I_a \tag{5-1}$$

其中，I_e 表示环境反射光，k_a 为物体对环境光的反射率，I_a 代表环境光的亮度。

环境反射光的计算要考虑到场景中所有可能的反射路径。在理想情况下，这需要追踪每条光线在场景中的所有反射和折射，这是一个非常复杂的过程。在实际应用中，通常采用一些近似方法来模拟环境反射光，如使用环境贴图（Environment Map）或全局光照算法（如辐射度算法或蒙特卡罗路径追踪方法等）。

2. 漫反射光

在现实世界中，光线不仅可以直接从光源照射到物体上，还可能在各种表面之间反射和散射。当光线从一个物体反射到另一个物体，再反射回观察者的眼睛时，观察者就可以观察到环境反射光的效果。漫反射光用于模拟间接光照的计算，它描述了光线在场景中的多次反射过程。这些反射不仅包括从光源直接发出的光线，还包括这些光线遇到物体表面后产生的反射和散射。

根据 Lambert 反射定律，一个完全漫反射表面的反射光强度与其入射光和表面法线夹角的余弦成正比，见式（5-2）：

$$I_d = k_d I \cos\theta \tag{5-2}$$

其中，I_d 为漫反射光强度，k_d 为表面对入射光的漫反射系数，I 表示入射光强度，θ 为入射光方向和表面法线的夹角。

3. 镜面反射光

镜面反射光的强度与入射光强度、物体表面的反射率及视线方向有关（如图 5-2 所示）。给定入射光线 L 和视线方向 S，镜面反射光强度 I_s 可采用如下式（5-3）计算：

$$I_s = k_s \cdot I \cdot \max(0, \cos\theta)^b \tag{5-3}$$

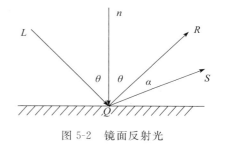

图 5-2 镜面反射光

其中，I_s 为镜面反射光强度，k_s 为表面的镜面反射系数，I 表示入射光强度，θ 为镜面反射光方向和视线的夹角，b 为指数。

其中，反射光方向 R 可通过如下式（5-4）计算：

$$R = L - 2(L \cdot n) \cdot n \tag{5-4}$$

这里 L 和 R 分别为入射光方向和反射光方向，n 为物体表面的法向量。

5.2.2 明暗处理及阴影生成

1. 明暗处理

上一节讨论了简单的光照模型，从理论上说，这些简单的光照模型已经可以解决任意表面的光亮度的计算问题。但是，当相邻的两个平面多边形的法向变化很大时，光强度可能会相差较大，会使图形看起来光滑。本节将要介绍的明暗处理方法可以解决上述问题。

（1）Gouraud 强度插值法

Gouraud 强度插值法是一种用于计算多边形表面光照的插值技术，由 Henri Gouraud 在 1971 年提出。该方法主要用于平滑着色的渲染中，通过在多边形的顶点计算光照，并在多边形内部进行线性插值，从而生成连续且平滑的明暗变化效果。

Gouraud 强度插值法的基本原理是，在多边形的每个顶点上独立计算光照，然后根据顶点的光照值对多边形内部的片元（像素）进行插值。这种方法假设多边形内部的光照变化是线性的，因此可以通过顶点的光照值来近似整个多边形的光照分布。

Gouraud 强度插值法的计算步骤如下：

1）对于多边形的每个顶点，根据顶点的位置、法线和光照模型计算光照值，包括漫反射光照、镜面反射光照等。

2）对于多边形内部的每个片元，根据片元的位置和顶点的光照值进行线性插值。插值可以使用顶点的坐标、颜色或纹理坐标作为基础。

3）将插值得到的光照值合成为片元的最终颜色。这通常涉及将漫反射颜色和镜面反射颜色结合起来，并考虑光源的强度和颜色。

（2）Phong 法向插值法

Phong 法向插值法是一种在计算机图形学中广泛使用的处理光照模型的技术，由 Huey-Fung Phong 在 1975 年提出。该方法主要用于对多边形表面进行平滑着色，以模拟更加真实的光照效果。Phong 法向插值法通过在多边形的顶点计算光照参数，并在多边形内部对这些参数进行插值，从而为每个片元（像素）提供准确的光照信息。

Phong 法向插值法的计算步骤如下：

1）在多边形的每个顶点处计算光照参数，包括漫反射光照、镜面反射光照和环境光照。这些计算依赖于顶点的法向量、位置、光源的方向和观察者的视线。

2）在多边形内部对顶点的法向量进行插值。这通常通过线性插值或其他高级插值技术（如双线性插值或双三次插值）来实现。

3）对于多边形内部的每个片元，使用插值得到的法向量和其他光照参数来计算最终的光照强度。这一步骤涉及 Phong 模型的光照方程，它结合了漫反射和镜面反射的贡献。

2. 阴影生成

阴影是光照绘制的一个重要组成部分，它为三维场景增添了深度和真实感。在计算机图形学中，阴影的生成方法多种多样，每种方法都有特定的应用场景和优缺点。

（1）阴影映射

阴影映射是一种实时阴影生成技术。该技术可通过如下步骤实现：

1）**渲染深度贴图**：从光源的位置渲染整个场景，并将每个像素的深度值存储到一个纹理中。在这个过程中，通常需要对场景进行裁剪，以确保只渲染那些可能对阴影产生影响的物体。

2）**渲染场景**：在正常的相机视角下渲染场景时，对于屏幕上的每个像素，计算从相机到该像素的光线与深度贴图中存储的深度值之间的关系。如果当前像素的深度值小于或等于阴影贴图中的深度值，那么该像素处于阴影中。

3）**阴影边缘处理**：阴影的边缘可能会出现锯齿或走样，为了改善视觉效果，可以应用一些平滑技术，如阴影模糊或使用更高精度的深度贴图。

（2）屏幕空间阴影

屏幕空间阴影的核心思想是在已经渲染好的屏幕上，通过分析像素点之间的关系来模拟阴影效果。这种方法利用了屏幕空间的深度缓冲信息，该信息包含场景中每个像素点到观察者的距离。通过比较一个像素点与其邻近像素点的深度值，可以判断出该像素点是否被其他物体遮挡，从而确定阴影是否存在。

该技术的实现过程如下：首先，获取场景的深度缓冲信息，这通常在场景渲染过程中自动生成并存储在深度缓冲区中。然后，对于屏幕上的每个像素点，沿着其法线方向在邻域内进行采样。通过比较采样点的深度值与当前像素点的深度值，可以估计出该像素点的遮挡情况。为了使阴影更加自然，通常会应用一定的模糊效果。这可以通过对邻域内的采样点应用高斯模糊或其他模糊算法来实现。最后，根据计算出的阴影程度，调整当前像素点的颜色，以生成阴影效果。

（3）环境光遮蔽

环境光遮蔽（Ambient Occlusion）的核心思想是对场景中的每个点，根据周围几何体的遮挡程度来调整该点的环境光强度。在现实世界中，即使在没有直接光源照射的地方，物体表面仍然会因为环境光的散射而接收到一定程度的光照。然而，当物体的某个部分被周围的物体遮挡时，这部分接收到的环境光会减少，从而形成细微的阴影效果。

该方法的实现相对简单，计算量适中，适用于需要快速生成逼真光照效果的应用。但是，该方法可能在物体边缘产生不自然的过渡效果，对于透明或半透明材质、光滑或反射材质的处理不够准确。

5.3 光线追踪技术

全局光照效果（如软阴影、镜面高光以及间接照明效果等）是实现真实感渲染的关键因素。要实现这些效果的准确模拟，需要考虑光线与场景中的物体之间的复杂相互作用，包括光线的多次反射、折射和散射等。光栅化渲染技术主要关注从物体表面直接发出的光线，而忽略了光线在场景中的传播和交互。光线追踪技术通过模拟光线在三维场景中的传播路径，能够精确地计算出光线与物体相互作用后的结果，从而生成高质量的光照模拟效果。

光线追踪技术的核心原理是模拟光线在三维场景中的传播过程。它从观察者视点发出一条光线，在遇到场景中的物体表面时，根据物体的材质属性和光线入射角度计算光线的反射、折射等行为，从而得到最终的像素颜色值（如图 5-3 所示）。光线追踪技术的计算流程如下：

1）**光线生成**：从观察者视点出发穿过成像平面生成光线，称为 eye ray，并让它在三维场景中与物体相交，形成图像的每一个像素点。

2）**交点确定**：当 eye ray 与场景中的物体相交时，光线追踪算法需要确定最近的交点。考虑到物体间的遮挡关系以及人眼对最近物体的优先识别，光线追踪算法始终关注与观察者最近的物体表面。

3）**阴影检测**：为了确定交点处的光照状况，光线追踪算法从交点向光源发射第二条光线，称为 shadow ray。通过判断 shadow ray 在到达光源的路径上是否存在遮挡，算法可以确定该点是否处于光照中或阴影内。

4）**着色计算**：利用法线、入射光线方向和 shadow ray 的出射光线方向，光线追踪算法可以计算交点处的颜色。这一步骤涉及光照模型、材质属性和光源特性的计算，以确保像素点颜色的真实性和准确性。

5）**像素渲染**：将计算得到的着色值写入对应的像素位置，完成该像素的渲染。通过遍历图像中的所有像素，光线追踪算法最终生成完整的渲染图像。

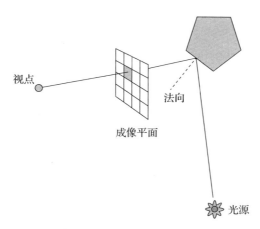

图 5-3　光线追踪技术的原理

5.4　大气光学现象的绘制

大气光学现象是指发生在大气中，用肉眼能直接感觉到的光现象，简称大气光象。这些现象的真实感模拟也是计算机图形学研究的一个重要方面。

计算机图形学研究者提出了许多有效的方法来模拟光线的传播过程，比如光线追踪技术。但这些方法都没有考虑到环境中气态介质及其他颗粒（如雾、烟、灰尘、冰晶等）对光传输的影响。实际上，这些物质对光的传输有散射和吸收的作用，会使传输能量发生改变。环境中这些能够散射、吸收光能量的物质称为传输媒介（Participation Media）。大气是由各种不同类型、不同大小的粒子组成的，其中有空气分子、烟、灰尘、水汽分子、冰晶等。它们改变光传输的方式各不相同，从而产生各种大气光象。大气光象可以分为以下几类：大气散射引起的光学现象，大粒子（如水滴、冰晶等）对光的折射、反射与衍射引起的光学现象以及光在大气中折射引起的光学现象。本节将介绍这三类光学现象的绘制。

5.4.1　大气散射引起的光学现象的绘制

太阳光进入大气圈后，大气分子以及悬浮在大气中的微粒和冰晶等对于入射光线有散射作用，使一部分太阳光线从粒子向四面八方散射开来。大小不同的粒子对太阳光线的散射作用是不同的。当粒子半径比入射光的波长小很多时，属于瑞利散射

(Rayleigh Scattering)。瑞利散射的计算公式如式（5-5）所示：

$$I(\lambda,\theta)=2\pi^2(n^2-1)^2I_0(\lambda)K\rho F_r(\theta)/(3N_s\lambda^4) \tag{5-5}$$

其中，$I(\lambda,\theta)$ 表示散射光强，$I_0(\lambda)$ 表示入射光强，λ 表示入射光的波长，$F_r(\theta)$ 为粒子的相函数（Phase Function），ρ 表示粒子的密度（与海拔高度有关的函数），n 表示空气折射率，K 和 N_s 是常数。其中，相函数是描述被粒子散射后的光能在空间分布的函数。瑞利散射的相函数一般为 $3(1+\cos^2\theta)/(4\lambda^4)$，其中，$\theta$ 表示散射角。其他常用的相函数还有 Henyey-Greenstein 函数。

当粒子半径和波长相当时，会发生米散射（Mie Scattering）。米散射的计算公式如式（5-6）所示：

$$I(\lambda)=I_0(\lambda)\frac{(i_1+i_2)\cdot\lambda^2}{8\pi^2r^2} \tag{5-6}$$

其中，$I_0(\lambda)$ 表示入射光强，r 表示粒子的半径，λ 表示入射光的波长，i_1 和 i_2 是粒子的半径、粒子的折射率、入射光波长及散射角的函数。给定一种类型的粒子，由式（5-6）可以求得给定波长入射光在任意散射角下的散射光强。当粒子的尺寸远大于波长时，则属于无选择散射。

散射引起的大气光象主要有晴朗天空的颜色、朝晚霞、曙暮光、云等。朝晚霞、曙暮光实际上是不同时刻的天空场景。这几种大气光象的真实感模拟技术统称为天空场景的建模与绘制。

1987 年，Klassen 通过求解由于大气粒子散射引起的太阳光强分布绘制了天空场景。他把大气层近似分成很多相互平行的平面，并假设每一层的大气密度相同。该大气模型与实际大气层分布相差比较大。Kaneda 等对 Klassen 提出的模型做了改进，他们假设大气层是一个球形外壳，大气中的分子及其他微粒的密度随海拔的增高会按指数规律递减。1993 年，Nishita 等在 Kaneda 提出的模型基础上进一步改进，给出了计算瑞利散射的具体公式，绘制出了从太空探视地球大气层的场景。这种方法充分考虑了大气分子引起的效果，但是对较大粒子的米散射只用一个经验相函数公式去近似，误差比较大。因此，该模型对于绘制纯净的大气非常有效，但无法真实地模拟其他天气条件。Jackél 等提出了一个精确计算米散射的大气模型。他们把大气组成分为干洁大气、尘埃、臭氧层和雨滴等。使用该大气模型可以生成不同天气条件下的天空场景。以上几种模型都可以较真实地绘制天空场景，但由于涉及密集的采样光线及大量的积分计算，因此它们的绘制速度都很慢。

　　为了更加真实地绘制天空场景，Nishita 等考虑了大气粒子的多次散射效果，通过计算视线方向上任意采样点处的累加透过率来计算大气粒子散射产生的光亮度。

　　为了解决绘制速度的问题，Dobashi 等利用一系列余弦基函数来表示天空光强的分布，并预计算给定太阳位置下的天空光强。这样，通过插值的方法可以快速获得任意太阳位置下的天空光亮度分布。对上述方法进行改进，就可以交互地绘制不同天气条件下被天空光影响的室外场景，该方法主要用于建筑设计及环境评估等。

　　上述工作大都采用了光线追踪的绘制算法，绘制效率不高。后来，基于辐射传输理论的建模绘制方法被大量采用。辐射传输中的一个关键问题是解决辐射能量通过介质前后的变化情况，通常是采用辐射传输方程（Radiative Transport Equation，RTE）来表示。辐射传输方程由 Kajiya 最早引入图形学，用于模拟大气传输现象。但是他对传输介质做了很多限制，并用球面调和函数的方法求解。辐射传输方程如式（5-7）所示：

$$\mu\,\frac{\partial I}{\partial T}+\frac{1-\mu^2}{T}\,\frac{\partial I}{\partial \mu}=-I(T,\mu)+\frac{1}{4\pi}\int_0^{2\pi}\int_{-1}^{1}P(\cos\alpha)I(T,\mu')\mathrm{d}\mu'\mathrm{d}\varphi' \qquad (5\text{-}7)$$

其中，I 表示环境中离视点任意距离、任意方向的光亮度，$P(\cos\alpha)$ 是大气粒子的相位函数，φ' 表示视线方向，μ 是与 φ' 相关的参数，T 是与观察距离有关的变量。

　　后来，许多研究者对 Kajiya 的方法做了改进和推广，并绘制出彩虹、宝光等复杂的大气光象。云的外观主要是由于大气微粒的散射产生的。这种类型的散射与入射光波长无关，属于无选择性吸收散射，因此我们看到的云大多是白色的。云是天空场景的重要组成部分，云的真实感生成在飞行仿真训练、计算机游戏开发及室外场景的模拟等领域都有重要应用。通常，云的建模方法可以分为两类：过程式建模方法和基于物理的建模方法。过程式建模方法是通过模拟云的形成过程来生成真实感云场景的一种方法，这种方法不考虑云形成的物理机制（即大气微粒的散射等）。该方法一般不需要大量的计算，因此绘制速度比较快。基于物理的绘制方法真实感更强，但是绘制效率比较低。

5.4.2　大粒子引起的大气光象的绘制

　　彩虹和霓是两种常见的大颗粒引起的大气光象。彩虹是太阳光射入球状水滴，经一次内反射之后出射形成的，它的色序（颜色顺序）是外红内紫。霓（又称副虹）出现于主虹的外侧，它是光线进入水滴后，经两次内反射之后出射形成的，它的色序（颜色顺序）是内红外紫。虹和霓都是由大量雨滴同时对太阳光的色散作用而产生的。基于上述理论，Musgrave 利用折射以及光的色散理论，提出了两个适合利用光线追踪及 Z 缓冲区技术绘制的彩虹模型，一个是经验模型，另外一个是物理准确的模型。2000 年，Walter 利用米散射，并考虑到彩虹的散射角，对散射相函数按角度充分采样，利用查找表的方法，最终绘制出逼真的彩虹全貌。但是，上述方法达不到实时绘制的要求。Brewer 等根据艾里理论（Airy Theory）计算得到不同半径水滴的李图（Lee Diagram），并把它们制作成查找表，利用 GPU 加速等方法实时生成真实感较强的彩虹场景。该方法已大量用于游戏制作开发中。

5.4.3 大气折射引起的光学现象的绘制

如果把大气分成许多薄层，每一层内的大气密度可以认为是均匀的，即折射率相同；同时，从地面到高空，大气密度越来越小，折射率也越来越小。当光线穿过这些折射率不同的薄层时，就会在各薄层气体的界面上发生折射。

Sloup 等提出了一个关于地球大气折射现象的可视化绘制的模型。他们把地球大气划分为一系列同心球层，并用圆弧曲线近似光线的传播路径，圆弧曲线的曲率由每一层的折射率决定。他们的论文中绘制了一些大气折射引起的现象，如海市蜃楼、日落时扁平的太阳等，有兴趣的读者可自行学习。

光线在密度分布反常的大气中传播时的折射效应，形成了海市蜃楼、地平线附近日月的变形和闪烁等大气现象。蜃景分为上现蜃景和下现蜃景。上现蜃景在海上或冰雪覆盖的地区容易出现，它是光线在强烈的逆温层中因为空气的反常折射和全反射形成的。下现蜃景多发生在夏季的沙漠、柏油马路上和冬季有暖洋流的海上。Berger 首次把光线追踪方法推广到用于海市蜃楼效果的绘制。为了模拟温度变化引起的大气折射率的变化，Berger 把大气分为若干层，并假定每一层的折射率是常数。模拟结果和 Snell 折射定律正好吻合。2004 年，Kuangyu Shi 分析了上现蜃景和下现蜃景的成因，提出了一个光线追踪器（Ray Tracer）模型，并用此模型绘制了简单的上现蜃景及下现蜃景。

5.5　参考文献

[1]　VICTOR K R. Modeling the effect of the atmosphere on light [J]. ACM

Transactions on Graphics，1987，6(3)：215-237.

[2] KANEDA K，OKAMOTO T，NAKAMAE E，et al. Photorealistic image synthesis for outdoor scenery under various atmospheric conditions [J]. Visual Computer，1991，7(5)：247-258.

[3] NISHITA T，SIRAI T，TADAMURA K，et al. Display of the earth taking into account atmospheric scattering [C]//ACM. ACM Special Interest Group on Computer Graphics and Interactive Techniques Conference (SIGGRAPH). Anaheim：ACM，1993：175-182.

[4] JACKÉL D，WALTER B. Modeling and rendering of the atmosphere using mie-scattering [J]. Computer Graphics Forum，1997，16(4)：201-210.

[5] NISHITA T，DOBASHI Y，KANEDA K，et al. Display method of the sky color taking into account multiple scattering [C]//IEEE. Pacific Conference on Computer Graphics and Applications (Pacific Graphics). Piscataway：IEEE. 1996：117-132.

[6] DOBASHI Y，NISHITA T，KANEDA K，et al. A fast display method of sky colour using basis functions [J]. The Journal of Visualization and Computer Animation，1997，8(3)：115-127.

[7] KAJIYA J，VON HERZEN B P. Ray tracing volume densities [J]. Computer Graphics，1984，18(3)：165-173.

[8] MUSGRAVE F K. Prisms and rainbows：a dispersion model for computer graphics [J]. Graphics Interface，1989：227-234.

[9] WALTER B. Simulation and visualization of atmospheric light phenomena induced by light scattering [J]. Systems Analysis Modeling Simulation，2002，42(2)：289-298.

[10] BREWER C. How to render a real rainbow [EB/OL]. (2004-03-12)[2024-12-20]. https：//http. download. nvidia. com/developer/presentations/GDC _ 2004/gdc 2004_Rainbow Fogbow. pdf.

[11] SLOUP J. Visual simulation of refraction phenomena in the earth's atmosphere [C]//IEEE. The Seventh International Conference on Information Visualization. London：IEEE，2003：452-457.

[12] BERGER M，TROUT T. Ray tracing mirages [J]. IEEE Computer Graphics & Applications，1990，10(3)：36-41.

5.6 本章习题

1. 请利用文字或者伪代码简述 Gouraud 以及 Phong 明暗处理方法，并且指出两种方法在思路上的异同。

2. 光线追踪算法是合成真实感图像的重要方式，请用文字或者伪代码方式描述该算法。

3. 编程实现光线追踪算法。

4. 光线追踪算法有哪些优缺点？

5. 光照绘制方法在大气现象模拟中是如何应用的？请简述该领域的最新进展和发展趋势。

第6章 计算机动画技术

计算机动画是指采用计算机图形与图像处理技术，生成一系列景物画面，其中，当前帧是前一帧经过部分修改得到的。通过连续播放静止图像，计算机就会产生物体运动的效果，使得一幅图像能够"活动"起来，从而清楚地表现出一个事件的过程或展现出一个活灵活现的画面。

计算机动画在各个领域发挥着重要作用。在影视制作领域，它已经成为创造视觉特效的重要手段；在游戏开发领域，它赋予了角色和场景更加生动的表现；在广告设计领域，它可以提升产品的吸引力和宣传效果；在教育培训领域，它使得知识的传授更加直观和有趣。

本章将介绍计算机动画的基本知识，并讨论计算机动画的常用技术。

6.1 计算机动画的分类

根据运动控制方式，计算机动画可以分为实时动画和关键帧动画。实时动画包括算法动画、模型动画和过程动画，它们采用算法控制，不含大量的数据，只对有限的数据进行快速处理并将结果显示出来。这种动画常用于电子游戏中。关键帧动画，也就是帧动画，是逐帧显示实际的图像，从而实现动画效果，常用于手绘故事视频、漫画制作以及游戏的开场介绍动画等。

从视觉空间的角度，计算机动画可以分为二维动画和三维动画。二维动画主要是采用传统的手绘方式生成的，画面效果大都是连续的平面效果，风景大部分是水墨渲染。三维动画则采用立体的空间概念来进行设计，以计算机图形学技术为基础，使画面更加真实，能够吸引观众的注意力。

另外，根据建模技术和方式的不同，计算机动画又分为基于骨骼的人物角色动画、基于粒子系统的动画和基于物体变形的动画。其中，基于骨骼的动画技术是一种广泛应用于角色动画的技术，核心在于通过构建骨骼系统来驱动模型的运动。这种技术可以模拟人体或物体的复杂运动，使角色在动画中展现出自然、逼真的动作。在游戏、影视制作以及工业设计等领域，基于骨骼的动画技术发挥着至关重要的作用。粒子系统是一种用于模拟不规则物体和自然现象的技术。在粒子系统中，大量的微小粒子被赋予形状、大小、颜色、透明度、运动速度、方向以及生命周期等属性。这些粒子在系统中按照预设的规则产生、活动和消亡，从而模拟出烟雾、火焰、水流等自然现象。基于物体变形的动画专注于模拟和实现物体在动画过程中的形状变化。在这类动画中，物体的形变过程是通过一系列复杂的算法和技术来实现的。其中，基于物理的动画技术在模拟物体变形方面发挥着重要作用。这种技术通过模拟物体在物理环境中的行为，如弹跳、碰撞、重力等，来实现更加真实和自然的变形效果。常见的例子包括毛发、服装以及各种液体等。上述建模技术和方式并不是相互独立的，在动画创作过程中，设计师和开发者要根据实际情况综合考虑使用这些方法。

6.2 基于物理的流体模拟

基于物理的流体模拟一直是计算机图形学的热点研究领域之一，它广泛应用于游戏场景与电影特效的制作中，既是游戏引擎中必不可少的一部分，也是许多电影特效中不可或缺的关键技术。

早期的流体模拟由于受到计算机硬件计算能力的限制，基本的方法是参数建模。但是，这种方法不是基于物理的，所以并不能精确地模拟流体运动的许多细节特征。随着计算机硬件的发展，计算能力有了显著提高，许多研究者开始转向研究基于物理的流体模拟。这种方法可以更加真实地表现更为复杂的场景以及刻画流体的细节。

常见的基于物理的流体模拟方法主要有两种：欧拉法（Eulerian Method）和拉格朗日法（Lagrangian Method）。这两种方法都通过求解 Navier-Stokes 方程组（简称 N-S 方程组）来对流体的运动进行模拟。另外，还有基于将宏观流体力学与微观分子动力学结合起来的晶格玻尔兹曼（Lattice Boltzmann）方法，以及其他一些新颖的方法。

Navier-Stokes 方程组因 1821 年由克劳德–路易斯·纳维（Claude-Louis Navier）和 1845 年由乔治·加布里埃尔·斯托克斯（George Gabriel Stokes）分别导出而得名。它是一组描述像液体和空气这样的流体物质的方程。这些方程建立了流体的粒子动量的改变率（加速度）和作用在流体内部的压力变化、耗散黏滞力（类似于摩擦力）以及重力之间的关系。这些黏滞力是由分子的相互作用产生的，反映了流体内部相邻流层之间由于速度差异而产生的内摩擦力。该方程组的数值求解相当复杂。稍后将介绍计算机图形学领域中的求解及计算模型。

下面分别介绍欧拉法、拉格朗日法和晶格玻尔兹曼法。

6.2.1　欧拉法

欧拉法基于网格，在每一个时间步长计算流体所占每个网格的速度、密度、压强、温度等参数，刻画这些参数在空间不同位置的变化。

常用的不可压缩性 N-S 方程组的欧拉形式如式（6-1）和式（6-2）所示：

$$\frac{\partial u}{\partial t} = -(u \cdot \nabla)u + v\nabla^2 u - \nabla p/\rho + f \tag{6-1}$$

$$\nabla \cdot u = 0 \tag{6-2}$$

其中，式（6-1）是动量方程，u 为速度，t 为时间，p 表示压强，ρ 和 f 分别表示流体的密度及流体所受外力（如浮力、重力等），该方程表征流体速度的变化；式（6-2）是质量方程，速度的散度为 0 表示流体质量守恒。欧拉法的思想就是在每个网格中求解该方程组，从而得到各个物理量。

网格的划分可以采用两种方法。一种是均匀网格，即所有物理量都放在网格的中心。该方法的优点是计算简单，不需要太多插值运算，对所有变量进行统一处理。另一种是交错网格，即将所有标量（如密度、温度等）存储于在网格单元的中心，将所有矢量（如速度等）存储于网格单元表面。该方法的优点是容易保证守恒条件。

1999 年，Stam 首次提出了一个无条件稳定的模型（半拉格朗日迭代求解模型）来模拟流体，后来的许多方法都以这一模型为基础，该模型通过添加外力、平流、扩散、投影四步来进行计算，如图 6-1 所示。

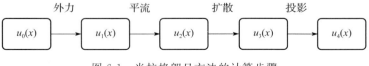

图 6-1　半拉格朗日方法的计算步骤

（1）外力处理

当前速度等于上一时间步长的速度加上外力在这一时间步长的积累，计算方式见式（6-3）。

$$u_1(x) = u_0(x) + f\Delta t \tag{6-3}$$

（2）平流处理

平流处理的计算方法如式（6-4）所示：

$$u_2(x) = u_1(p(x, -\Delta t)) \tag{6-4}$$

该方法最大的优点是可以保持模拟的无条件稳定。

（3）扩散处理

扩散处理的计算公式如式（6-5）所示：

$$(I - v\Delta t \nabla^2) u_3(x) = u_2(x) \tag{6-5}$$

其中，I 是单位算子，v 是黏性系数。如果计算的是非黏性流体，则 v 等于 0。

（4）投影

首先，根据式（6-6）求出 $p(x)$，即解该泊松方程（Poisson Equation）。然后，用当前速度减去压力的梯度得到最终的速度，见式（6-7）。这个步骤用于保证流体的不可压缩性，即式（6-2）。

$$\nabla^2 p(x) = \frac{p}{\Delta t} \nabla \cdot u_3(x) \tag{6-6}$$

$$u_4(x) = u_3(x) - \frac{\Delta t}{\rho} \nabla p \tag{6-7}$$

6.2.2 拉格朗日法

拉格朗日法基于粒子，从研究流体粒子的运动着手，在每一个时间步长计算流体每个粒子的速度、密度、压强、温度等参数，以及粒子间相互转移时参数的变化。

常用的不可压缩 N-S 方程组的拉格朗日形式如式（6-8）所示：

$$\frac{\mathrm{D}u}{\mathrm{D}t} = v\nabla^2 u - \nabla p/\rho + f \tag{6-8}$$

其中，$\dfrac{\mathrm{D}u}{\mathrm{D}t}$ 表示 u 对 t 的全导数，各参数的物理意义同式（6-1）。该公式与欧拉形式的方程组有两点不同。首先，由于模拟流体的均匀粒子系统中的粒子不会凭空产生和消失，即粒子总数不会发生变化，而单个粒子的质量也是恒定的，因此并不需要用式（6-2）的质量守恒方程来约束。其次，对流项是对流体运动的宏观表现，因此当描述单个粒子运动时，不需要引入对流项。

平滑粒子流体动力学（Smoothed Particle Hydrodynamic，SPH）是拉格朗日法中的常用方法。该方法的基本思想是将流场离散成粒子，粒子之间存在一个空间距离（平滑距离），它们的属性通过核函数（Kernel Function）来平滑。这意味着任何粒子的属性都可以通过核函数半径内的所有粒子对它的贡献求和得到。每个粒子对其他粒子的贡献权重与粒子之间的距离有关，距离越大，贡献越小。SPH 通过对空间中的离散点进行采样，并对这些采样值利用差值的方法来近似估计空间中连续标量场的值以及它的导数。用来离散插值的点是一些平滑粒子。这些粒子被赋予一些具体的值，比如质量、速度、位置等。其他一些物理量也可以被加在粒子上，比如压强、密度和温度。空间上某一点的值通过累加这一点附近的粒子对该点的权重来得到。相比其他计算导数的方法，SPH 方法并不需要将粒子限制在排列规范的网格里。SPH 可以直接通过散布在空间的任意排列的粒子来估算出空间任意点上的值。当然，粒子的分布越密集，则估计越准确。

理论上，只要粒子的数目足够多，就能精确地描述流体的力学过程。虽然在 SPH 方法中，模拟的精度也依赖于粒子的排列，但它对点阵排列的要求远远低于网格的要求。由于粒子之间不存在网格关系，因此它可避免极大变形时因网格扭曲造成的精度破坏等问题，并且为处理不同介质的交界面提供了方便。SPH 是一种纯拉格朗日方法，它还能避免欧拉方法中欧拉网格与材料的界面问题，因此适合用于求解变形程度大的问题。

1. SPH 的理论基础

SPH 可以视为一种插值的方法。通过对空间中的粒子进行采样，再利用这些采样粒子对所求位置的权重，就可以估计出空间中的任意标量场。空间中任何位置的标量值可以用式（6-9）表示：

$$A(r) = A(r') \int_{\Omega} W(r - r', h) \mathrm{d}r' \tag{6-9}$$

其中，r 是空间 Ω 上的任意位置，W 是一个核函数，h 是这个核函数的半径。

核函数 W 表示周围采样点对任意位置的值的权重大小；h 是这个核函数的半径，它是一个缩放因子，用来控制核函数的平滑程度。一般来说，h 取无穷大时，核函数最平滑，而且所做的插值最精确。选择一个好的核函数对于模拟的精确性和有效性非常重要。一个适当的核函数应该具有式（6-10）和式（6-11）的性质：

$$\int_{\Omega} W(r,h)\mathrm{d}r = 1 \tag{6-10}$$

$$\lim_{h \to 0} W(r,h) = \delta(r) \tag{6-11}$$

其中，$\delta(r)$ 为 Dirac's delta 函数，即 $\|r\| = 0$ 时，$\delta(r)$ 为 ∞，否则值为 0。

式（6-10）指出，这个函数必须被规范化，并且积分为单位 1 确保了最大值和最小值不会被放大。除了式（6-10）和式（6-11）以外，这个核函数的值还必须是正的，且是个偶函数，从而确保对称性。如果想得到好的效果，那么这个核函数最好是一个各向同性的高斯函数。需要注意的是，虽然选择高斯函数能产生理想的效果，但由于它是指数计算，因此求解这个函数是相当复杂和耗时的。实际中，经常使用一些多项式函数来近似高斯函数的形状，如图 6-2 所示。

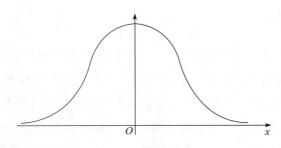

图 6-2   近似高斯函数的形状

2. SPH 的基本等式

式（6-9）所示的插值是通过空间中一些平滑的粒子来实现的。每个粒子占据求解空间域里的一部分空间。将式（6-10）写为离散的形式，将积分写为求和，就得到式（6-12）：

$$A(r) = \sum A_j V_j W(r - r_j, h) \tag{6-12}$$

其中，粒子 j 是对所有对 $A(r)$ 的值有贡献的粒子，V_j 是粒子 j 占据的体积，r_j 是粒子 j 的位置。核函数 W 表示的是所求点附近的粒子对这一点的值的权重；

h 是核函数的半径，用于控制落在采样区域的粒子数的多少。h 越大，插值估计越准确。但是，h 越大，落在这个以 h 为半径的球里的粒子数越多，那么计算所需时间就越多。因此，选取 h 的大小时要考虑它对程序效率的影响。

如果采用 m 和 ρ 来分别表示粒子的质量和密度，那么式（6-12）就可以表示为式（6-13）的形式：

$$A(r) = \sum A_j \left(\frac{m_j}{\rho_j} \right) W(r - r_j, h) \tag{6-13}$$

式（6-13）是 SPH 方法的基本等式，它可以用来估计空间任一点上的连续标量场的值。

标量场导数的 SPH 方法的实现如式（6-14）所示：

$$\nabla A(r) = \sum A_j \left(\frac{m_j}{\rho_j} \right) \nabla W(r - r_j, h) \tag{6-14}$$

对标量场计算其拉普拉斯算子可以使用与梯度计算类似的方法，见式（6-15）：

$$\nabla^2 A(r) = \sum A_j \left(\frac{m_j}{\rho_j} \right) \nabla^2 W(r - r_j, h) \tag{6-15}$$

3. 使用 SPH 求解 N-S 方程组

每个粒子携带的值就是这个粒子位置上由 SPH 求出的值。通过这个方式，可以计算每个粒子位置上的 SPH 插值，从而求解 N-S 方程组，并计算该粒子的受力与速度变化。

使用粒子而不是网格来建模流体，使求解 N-S 方程组得到了很大的简化。一般情况下，模拟的粒子数量是事先给定的。一般来说，在模拟过程中，每个粒子的质量设为固定不变，那么在粒子的运动过程中，质量就已经守恒了，就可以省略对式（6-15）的求解。由于流体完全由粒子表示，那么粒子随着流体流动，这意味着粒子的任何数值都只取决于时间，而与位置无关。粒子的加速度就可以直接表示为速度对时间求导。对于粒子 i，加速度如式（6-16）所示：

$$a_i = \frac{\mathrm{d}u_i}{\mathrm{d}t} = \frac{f_i}{\rho_i} \tag{6-16}$$

这里，a_i 和 u_i 分别表示粒子 i 的加速度和速度，ρ_i 表示在粒子 i 的位置上的质量密度。

（1）质量密度

要利用 SPH 来计算标量场以及它的梯度等，需要利用各个粒子位置上的质量密度，但这个密度事先未给出。我们唯一知道的是每个粒子的质量，那么就要根据质量计算出粒子的质量密度，计算方法如式（6-17）所示：

$$\begin{aligned}
\rho_i &= \rho(r_i) \\
&= \sum \rho_j (m_j/\rho_j) W(r_i - r_j, h) \\
&= \sum m_j W(r_i - r_j, h)
\end{aligned} \tag{6-17}$$

（2）压力

在一个粒子位置上的压强 p 可以通过理想状态气体方程来计算，如式（6-18）所示：

$$pV = nRT \tag{6-18}$$

对于恒温的气体，压强就可以写为式（6-19）：

$$p = k\rho_0 \tag{6-19}$$

通过式（6-19）可以计算出每个粒子位置上的压强。其中，ρ_0 为流体在静止时的密度。这种计算方式保证了压强使得密度大的区域的粒子相互散开，而使得密度小的区域的粒子相互靠拢。那么，施加在粒子上的压力就可以通过 SPH 得出：

$$f_i^{\text{pressure}} = -\sum p_j \left(\frac{m_j}{\rho_j}\right) \nabla W(r_i - r_j, h) \tag{6-20}$$

然而，式（6-20）求出的压力是不对称的。考虑只有两个粒子 i，j 的简单情况。显然，p_i，p_j 是不相等的，那么计算得出的压力也不相等，这就违反了作用力和反作用力原则。一种解决的方法如式（6-21）所示：

$$f_i^{\text{pressure}} = -\sum \frac{(p_i + p_j)}{2} \left(\frac{m_j}{\rho_j}\right) \nabla W(r_i - r_j, h) \tag{6-21}$$

从公式（6-21）可以看出，压力的计算和粒子 i 与粒子 j 压强的算术平均值有关，保证了压力的求解是对称的。

（3）黏滞力

流体需要克服剪应力运动。当流体流动时，分子之间产生摩擦，使得动能减小并转化为热量。流体流动中内部产生的阻力称为黏滞力。黏性系数决定了黏滞力的大小，黏滞力由式（6-22）求得：

$$f_i^{\text{viscosity}} = \mu \sum u_j \left(\frac{m_j}{\rho_j} \right) \nabla^2 W(r_i - r_j, h) \tag{6-22}$$

和压力一样，这个公式也是不对称的。黏滞力的大小只与相对速度有关，而与速度本身无关。因此，为得到对称的黏滞力，可将式（6-22）改写为式（6-23）的形式：

$$f_i^{\text{viscosity}} = \mu \sum (u_i - u_j) \left(\frac{m_j}{\rho_j} \right) \nabla^2 W(r_i - r_j, h) \tag{6-23}$$

（4）重力

前面介绍的是流体内部受到的内力，流体在运动过程中还会受到很多外力，比如重力。流体受到的重力可表示为式（6-24）：

$$f_i^{\text{gravity}} = \rho_i g \tag{6-24}$$

其中，g 为重力加速度。

（5）表面张力

表面张力是流体受到的另一个外力，它作用在流体与空气接触的自由面上。通常，将液体与空气的接触面定义为界面。由于环境不同，处于界面的分子与处于流体内的分子所受的力是不同的。比如，水内部的一个水分子受到周围水分子的作用力，这些作用力达到平衡，合力为 0；而在水的表面的一个水分子受到的作用力不平衡，因为空气中空气分子对它的吸引力小于内部液体分子对它的吸引力，所以该分子所受的合力不等于零。这个合力方向垂直指向液体内部，导致液体表面具有使表面面积最小化的趋势，这种收缩称为表面张力。由于要考虑边界，而用欧拉方法来求解 N-S 方程组时一般没有这一项，因而可使用拉格朗日方法，由粒子确定边界。在流体内部，流体分子之间的作用力会保持平衡；而在流体与空气接触的自由面上会受到空气对表面的挤压，它的方向为朝着表面法线指向流体内部，大小与表面的曲率成正比关系。在求解表面张力时，使用了一个颜色场 c。在被粒子占据的位置处取值为 1，否则取值为 0。那么在粒子 i 的位置处的 c 值为式（6-25）：

$$c_i = \sum \left(\frac{m_j}{\rho_j} \right) W(r_i - r_j, h) \tag{6-25}$$

颜色场 c 的梯度便是流体的法线，见式（6-26）：

$$n_i = \nabla c(r_i) \tag{6-26}$$

只有当 $|n_i|$ 大于一个阈值 ι 时，粒子 i 被认为是在表面附近，才需要计算它受到的表面张力。n 的散度便是流体表面的曲率，见式（6-27）：

$$\kappa = -\nabla \frac{n}{|n|} = -\nabla^2 \frac{c}{|n|} \tag{6-27}$$

那么表面张力写为式（6-28）的形式：

$$f_i^{\text{surface}} = \sigma \kappa n_i \tag{6-28}$$

其中，σ 为表面张力系数，用于控制表面张力的大小。

核函数的选取对插值的精确性和模拟的效果至关重要。对于 N-S 方程组中的每一项，如果都使用同一个核函数，那么必然不能得到好的效果。因此，求解每种力和密度时使用的核函数是有区别的。一般地，式（6-29）的核函数为缺省核函数：

$$W(r, h) = \frac{315}{64\pi h^9} (h^2 - |r|^2)^3, \quad 0 \leqslant |r| \leqslant h \tag{6-29}$$

4. 等值面的提取

对于流体的绘制，求取流体与空气的接触面至关重要，因为需要用它来计算反射、折射等光照效果。一个好的提取自由表面的方法对于高真实感的流体场景的渲染非常重要。Marching-Cube 算法是一种常用的等值面提取方法。

Marching-Cube 算法是三维数据场等值面生成的经典算法，是体素单元内等值面抽取技术的代表。该方法的本质是从三维数据场中求得一张等值面，也被称作等值面抽取算法。它的核心就是要从给定的采样点中找出等值面。Marching-Cube 算法使用的是隐式的等值面抽取方法，即直接从体数据等信息中得到等值面。

Marching-Cube 算法将三维空间分为边长为 h 的小立方体。如果在某个立方体中存在自由面附近的粒子，那么这个立方体便包含了一部分的自由表面。对于每个单元格，在定点 c 上的值已经计算得到，Marching-Cube 算法要在单元格内创建三角面片来近似表示经过这个单元格的表面。自由面可能没有经过单元格，也可能以极其复杂的方式经过单元格。顶点上的值决定这个顶点在表面内还是在表面外。如果一条边的一个顶点在表面外，而另一个顶点在表面内，那么自由面一定是与这条边相交。与边相交的位置可以通过线性插值计算出来。交点到两顶点之间的距离的比值与这两个顶点的 c 值和自由面阈值之差的比例相同。

图 6-3 给出了一个小单元格，数字 0～7 分别标识了单元格上的每个顶点。其中，顶点 6 的 c 值大于自由面的阈值，在自由面内，被标为黑色；而其他顶点的 c 值都没有超过阈值，在自由面外，未被标记成黑色。因此，自由面应该要如图 6-3 所示那样与顶点 6 的邻边相交。交点位置取决于顶点 2、5、6、7 的 c 值。具体计算如式（6-30）所示：

$$P = P_1 + (\text{isovalue} - c_i)(P_1 - P_2)(c_1 - c_2) \tag{6-30}$$

其中，P 表示要计算的交点的位置，P_1 和 P_2 表示存在交点的边上的一对顶点，c_1 和 c_2 分别为这对顶点的 c 值。

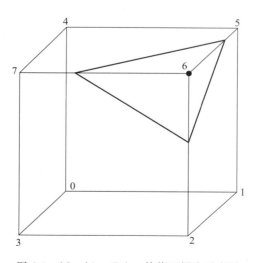

图 6-3　Marching-Cubes 等值面提取示意图

6.2.3　晶格玻尔兹曼法

晶格玻尔兹曼法（Lattice Boltzmann Method，LBM）是一种应用非连续介质思想研究宏观物理现象，并可平行运行，以求解流体力学问题的方法。不同于传统的求宏观属性的计算流体力学（Computational Fluid Dynamics，CFD）方法，LBM 的基本思想是通过建立简单的动力模型合并微观与中观物理过程，使得模型的宏观特性服从宏观方程，即用 Lattice Boltzmann 方程去逼近 Navier-Stokes 方程。该方法把流体及其存在的时间、空间完全离散，把流体看成由许多只有质量没有体积的微小粒子组成。在给定的时间步长内，这些粒子根据给定碰撞规则在网格点上相互碰撞，并沿网格线在节点之间运动。碰撞规则同时遵循质量守恒定律、动量守恒定律和能量守恒定律。

由于具有独特的性质，因此相对于其他传统 CFD 方法，LBM 有很多优点，特别是在处理复杂边界条件、微观相互作用以及并行算法中具有优势。比如，多相流用欧拉法与拉格朗日法处理比较困难，而用 LBM 处理就相对容易。

6.2.4   几种流体模拟方法的比较

稳定性是欧拉法的一个优点，也就是可以设置较大的时间步长而不会导致"数值爆炸"现象。结合水平集（Level Set）方法，欧拉法可以较好地重建液体表面。但是，欧拉法也存在以下缺点：

1）每一时间步长都要进行投影步骤（也就是解泊松方程），这是计算代价很大的一个步骤，占据了大部分模拟所需时间。

2）可扩展性较差，比如在三维情况下，每一维分辨率扩大 2 倍，总网格数就会扩大 8 倍，实际模拟时间的增长甚至不止 8 倍，而且模拟结果与扩展前可能相差较大。

3）欧拉法的边界处理至今仍是一个有挑战性的课题。

拉格朗日法用粒子方式对流体建模，在概念与实现上更加直观。该方法的最大优点是可以捕捉流体的细节部分，比如飞溅的液滴、气泡和泡沫等。但是，该方法也存在以下缺点：

1）针对模拟场景选择合适的核函数并不容易。

2）流体的不可压性不能被严格保证。

3）创建平滑表面有一定的难度。

晶格玻尔兹曼法理解简单又易实现。由于它的算法具有并行性特征，因此适合应用 GPU 编程来实现。因为它对流体的微观及中观运动做处理，所以它还可以处理一些欧拉法和拉格朗日法难以处理的问题。但是，它的缺点也很明显：

1）时间步长不能过大，否则会导致模拟不稳定。

2）具有与欧拉法同样的可扩展性问题。

6.3　基于粒子系统的动画

粒子系统是实现计算机动画的一种常用技术，经常使用粒子系统模拟的现象有火、爆炸、烟、水流、火花、落叶、云、雾、雪等。它们的共性是没有固定的形状，也没有规则的几何外形，而且它们的外观会随着时间发生不确定的变化。粒子系统最早由 William T. Reeves 在 1983 年提出。

一个粒子系统由大量称为粒子的简单图元构成，每个粒子都有一组属性，包括形状、大小、颜色、透明度、位置、速度和生命周期等。一个粒子有什么样的属性主要取决于具体的应用，粒子往往由位于空间的某个地方的粒子源产生。粒子系统并不是一个简单的静态系统，随着时间的推移，系统中已有的粒子会不断改变形状，不断运动，同时不断有新的粒子加入，有旧的粒子消失。每个粒子均赋予生命周期，它将经历产生、生长、衰老和死亡的过程。粒子系统生成单帧图像的流程如图 6-4 所示。

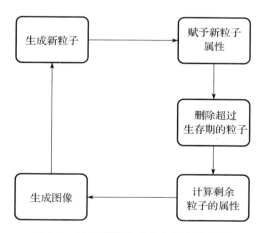

图 6-4　粒子系统生成单帧图像流程图

6.4　参考文献

［1］　STAM J. Stable fluids ［C］//ACM. ACM Special Interest Group on Computer Graphics and Interactive Techniques Conference（SIGGRAPH）. Los Angeles：ACM. 1999：121-128.

[2]　REEVES W T. Particle system：a technique for modeling a class of fuzzy objects [J]. Computer Graphics，1983，17(3)：359-376.

6.5　本章习题

1. 编程实现基于物理的流体模拟技术。
2. 欧拉法和拉格朗日法各有哪些优缺点？
3. 简述粒子系统方法的原理。

第7章　声音模拟技术

声音，作为一种重要的感官体验，在现实世界中无处不在，也在虚拟环境中扮演着至关重要的角色。声音模拟也是计算机图形学中活跃的研究方向之一，它旨在探索声音在虚拟世界中的再现与创造。在之前各章中，我们主要关注视觉的建模，生成的动画是静音的。但是，对于很多应用（如虚拟现实、电影以及游戏等），除了需要看似真实的视觉元素外，逼真的音频效果也必不可少，它们共同为用户提供更好的沉浸式体验。例如，在一个虚拟森林场景中，除了视觉上的树木和植被，如果能够加入风声和树叶的沙沙声，会使体验感更加全面和真实。

在本章中，我们将带领读者理解声音的基础原理，探讨声音合成的多样技术，分析声音在环境中的传播模拟，并探索三维音频技术中的声音渲染方法。本章将从声音的物理属性和人类的听觉感知讲起，为后续内容奠定基础；接着，介绍从数字信号合成到物理建模合成技术，展现声音如何被创造和再现；声音传播模拟部分将着重介绍声音在虚拟环境中的行为，包括它如何在空间内传播，重点探讨用于模拟这些现象的算法和技术。最后，我们将探讨声音渲染方法，特别是三维音频技术的发展和应用。这一部分将展示如何利用声音渲染技术来实现空间音频的效果，为用户提供身临其境的听觉体验。

7.1　声音的基础

在深入了解声音在图形学中的应用之前，首先需要对声学有基本的了解。在这一节中，我们将探讨声音从产生的瞬间，通过各种介质的传播，最终到达人耳并被大脑解读的过程。首先，介绍声音产生到感知的过程，以便读者了解声音的产生机理、传播方式及其与周围环境的相互作用。我们将探索声波如何在不同介质中移动，以及移动过程如何影响声音的最终接收。之后，将介绍声音的波动方程，探讨如何用波动方程描述声波的传播。这不仅是理解声音科学的关键，也是声学设计和噪声控制等实际应用的理论基础。最后，介绍声音的感知特性，探讨人耳对声音的听觉特性。

7.1.1 声音的产生到感知

声音无处不在，它既是自然界的低语，也是人类交流的桥梁。从悦耳的乐音到城市的喧嚣，从细微的窃窃私语到雷声轰鸣，声音以独有的方式塑造着人类的感知世界。声音的旅程始于微小的振动，这些振动通过空气、水和其他介质传播，最终触达人的耳膜。这一过程涉及一系列物理现象，包括波动的产生、传播机制，以及声波与物质相互作用的复杂过程。在本节中，我们将探索声音的本质，了解它如何产生、如何在介质中传播，以及人耳如何接收和解释这些声波。

1. 声音的产生、传播及接收

声波是一种机械波，它的产生始于一个振动的声源。当声源振动时，会推动相邻的介质分子振动，这些分子又推动旁边的分子振动，从而形成一系列振动波，即声波。声波从声源传播到周围介质的过程也可以称为声辐射。

之后，声波在弹性介质中传播，并最终到达人的耳朵。这个过程会受到介质性质的影响，介质的密度和温度都会影响声波的传播速度。以空气为例，声波在空气中的传播是一种纵波，空气分子的振动方向与波的传播方向相同。但是，空气分子并不做实质的移动，而是在一个位置附近前后振动。

理解声音的传播机制有助于我们深入掌握声音在不同环境中的行为，以及如何有效地操纵声音以达到期望的效果。声波的传播依赖于介质分子的相互作用。由于声源的振动，空气分子的压缩和释放交替进行，从而形成一系列压力高峰和压力低谷，导致了压力的变化，即声压。当声波遇到障碍物或不同介质的分界面时，也会发生反射、衍射、透射等现象。这些现象会改变声波的传播路径和强度，导致声音出现回声、变向或扩散。当两个或多个声波相遇时，它们也会相互叠加，形成干涉现象。

声音的接收是听觉过程中的关键环节，它涉及声波从外部环境传入人耳，进而转化为神经信号，这些信号最终被大脑解释。

声音的接收开始于外耳，外耳包括耳廓和外耳道。耳廓的形状有助于捕捉来自周围环境的声波并将它们引导至外耳道。当声波到达鼓膜时，鼓膜会振动，这些振动被听小骨接收。之后，声波传至内耳，毛细胞会将声波振动转换为电信号，由听觉神经将这些电信号传递到大脑。

2. 以乐器演奏声为例

想象你参加了一场室内乐团的音乐会。随着乐器的振动，音乐产生，这些振动产生的声波通过空气传播，最终被听众的耳朵捕捉。以小提琴为例，小提琴声音是由演奏者用琴弓摩擦琴弦，引起琴弦的振动而产生的。这种振动具有特定的频率，振动频率决定了音高，而振动的强度决定了音量。小提琴的琴身充当共鸣箱，放大琴弦的振动。琴身通过形状和材料的特性，能够有效地收集琴弦的振动能量，并将这些振动转化为空气中的声波。声波从小提琴传出后，会在音乐厅内传播。音乐厅的设计对声音的传播质量有重要影响。理想的音乐厅设计可以增强声音的清晰度和均匀分布，减少不必要的回声和共鸣，从而为观众提供最佳的听觉体验。声波通过空气传播，最终到达观众的耳朵。观众的外耳捕捉声波，引导至中耳，进而传递到内耳的耳蜗。在耳蜗内，声波被转换为神经信号，由听觉神经传递到大脑。

7.1.2　声音波动方程

在探索声音的奥秘和它在我们生活中的作用时，不可避免地会用到声音的波动方程。作为一种波动现象，声音的传播可以通过波动方程来描述。波动方程不仅深刻地揭示了声音传播的物理本质，还为我们理解声音与环境、物质之间复杂互动提供了框架。在本节中，将对这个方程的基本形式及其在频域下的表述进行讨论。

这里我们讨论理想流体介质中声音的波动方程。一般认为，声波的传播过程是绝热的，并且声扰动振幅较小，因此可以使用线性近似来简化问题。选取一个流体微元作为分析对象，并对其进行线性化处理，然后对其应用质量守恒定理得到连续性方程，见式（7-1）：

$$\frac{1}{\rho}\frac{\partial \rho'}{\partial t} + \nabla \cdot u = 0 \qquad (7\text{-}1)$$

其中，ρ 是静态介质密度，ρ' 是密度的扰动变化量，u 代表速度，t 代表时间。

之后对其进行受力分析，应用牛顿第二定律，得到动量相关方程，见式（7-2）：

$$\rho\frac{\partial v}{\partial t} + \nabla p = 0 \qquad (7\text{-}2)$$

其中，p 代表声压。最后，根据绝热过程得到能量相关方程，见式（7-3）：

$$c^2 = \frac{p}{\rho'} \qquad (7\text{-}3)$$

对上面三个方程进行联立，可得出声音的波动方程，见式（7-4）：

$$\nabla^2 p - \frac{1}{c^2}\frac{\partial^2 p}{\partial t^2} = 0 \tag{7-4}$$

声音的传播可以用上述的波动方程来描述，这是一个二阶偏微分方程，将声压随时间的变化和空间的变化联系起来。在声学模拟和波动方程求解中，边界条件的设定是至关重要的，因为它们决定了声波在遇到物体表面或介质交界时的行为。边界条件的选取直接影响波动方程解的物理可行性和准确性。

下面以在声音合成中常用的 Neumann 边界条件为例进行说明。Neumann 边界条件指定了波动方程在边界上的法向导数，可以约束固体表面的声压梯度。声压梯度可由前面提到的动量方程推导得到，见式（7-5）：

$$\partial_n p + \rho a_n = 0 \tag{7-5}$$

其中，n 代表法线方向，a_n 代表物体表面的法向加速度，ρ 是周围介质的密度。

当然，也存在其他类型的边界条件，如 Sommerfeld 辐射条件，它是用于无限或半无限介质边界的条件。它用于保证声波能够自由地从有限计算区域向外辐射，而不产生人为的反射。这里不再一一介绍，感兴趣的读者可自行查阅相关资料。

在声学和其他波动现象的研究中，将波动方程转换到频域是一种常见的处理方法。这种转换利用了傅里叶变换的原理，将时间域的偏微分方程转换为频域下的代数方程。在频域下，声波的传播可以通过 Helmholtz 方程来描述，这为解析和数值求解提供了便利。这一转换使问题的求解，尤其是稳态声场问题的处理更加高效。为了推导出 Helmholtz 方程，我们采用复数来进行表示，将空间和时间进行分离处理，因此声压可以表示为式（7-6）：

$$p(x,t) = p(x)e^{i\omega t} \tag{7-6}$$

将此形式代回到时间域的波动方程中，将该方程转换为频域下的形式，从而得到 Helmholtz 方程，见式（7-7）：

$$\nabla^2 p(x) + k^2 p(x) = 0 \tag{7-7}$$

其中，$k = \dfrac{\omega}{c} = \dfrac{2\pi}{\lambda}$，称为波数。Helmholtz 方程描述了在给定频率下，声压如何随空间位置变化。波数 k 将频率和声速的关系联系起来，是描述声波在空间传播特性的关键参数。

解决具体问题时，同样需要为 Helmholtz 方程设定合适的边界条件。我们依旧以 Neumann 边界条件为例，将其转换成频域下的表示。我们仍然用复数的情况表示位移，即 $u(x,t) = u(x) e^{i\omega t}$，代入时域下的公式可得式（7-8）：

$$\partial_n p = \rho\omega^2 u_n \qquad\qquad (7\text{-}8)$$

7.1.3 声音感知特性

在本节中，将探讨声音感知特性，特别关注人的双耳听觉的基本原理，即双耳时间差和双耳强度差。这两种特性是大脑处理和解释声音空间信息的基础，使人类能够在三维空间中准确地定位声源。

双耳时间差是指声音到达一只耳朵和到达另一只耳朵的时间差异。这种差异对于声源定位至关重要，尤其是在水平面上定位声源的方向。

当声源不处于听者的对称轴上时，声波将先到达一侧的耳朵，然后到达另一侧的耳朵。例如，如果声源位于听者的右侧，声波将先抵达右耳，之后抵达左耳。这种时间差异取决于声源与听者之间的角度以及头部的大小。由于声速是固定的，因此声音到达两耳的时间差异主要由声源到两耳的路径长度差决定。

双耳强度差也称为双耳声级差，用于描述声音到达一个人的两只耳朵时因头部阻挡导致的强度或响度的差异。这种差异对于高频声源的定位尤为重要，因为高频声波的波长较短，不易绕过障碍物（如头部）。

当声波从一侧传来时，人的头部作为一个障碍物，会对声波产生阻挡作用，导致声音在到达两只耳朵时出现强度上的差异。这种差异主要影响声音的响度和质感。低频声波因波长较长，易于绕过头部，因此几乎不产生显著的双耳强度差。相比之下，高频声波的波长短，较难绕过头部，因此在头的遮挡侧会产生较大的声强降低。

7.2 声音合成

声音合成在计算机图形学和虚拟现实领域中具有至关重要的作用，它不仅能够增加场景的真实感，还能够在没有真实声源的情况下创建声音。本节将介绍声音合成的两类主要方法：基于信号的声音合成方法和基于物理模拟的声音合成方法。这两种方法从不同的角度模拟声音，各有优势和应用场景。基于信号的合成方法通常依赖于数字信号处理技术，通过控制和操纵声波的基本属性（如频率、相位和振幅）来合成声音。这种方法包括加法合成、减法合成等，每种技术都有独特的声音特征和制作风格。基于物理模拟的合成方法则试图通过数学模型来模拟实际物理对象产生声音的物理过程。这种方法不仅能够产生极为真实的声音效果，而且能够在用户互动中表现出丰富的动态特性，例如模拟弦乐器的振动或打击乐器的敲击声。

7.2.1　基于信号的声音合成方法

在声音合成领域，基于信号的合成方法占据重要地位，它通过直接操纵和处理声音信号来创造和塑造声音。这种方法不仅具有技术上的精确性和灵活性，而且支持音乐制作者和声音工程师用创造性的方式探索声音的无限可能性。本节主要介绍基于信号的合成方法中的常用技术：加法合成、减法合成和样本合成，每种技术都用独特的方式为音乐和声音设计的多样化提供便利条件。

加法合成是最古老的电子音乐合成形式之一，它通过组合简单的波形（如正弦波）来构建复杂的声音，体现了声音合成的基本原理。减法合成则采用从复杂声波中"减去"部分频率的方法，为声音设计提供了另一种思路，特别适合创建具有特定音色特征的声音。样本合成则是一种更现代的技术，它依赖于真实世界声音的录制样本，使合成声音能够具有令人难以置信的真实度和表现力。

还有很多合成技术（如调频合成、波表合成、颗粒合成等），本节不再赘述，感兴趣的读者可以参考相关资料。

1. 加法合成和减法合成

加法合成是一种基本的声音合成技术，它建立在傅里叶定理之上，即任何复杂的声音信号都可以分解为一系列简单的正弦波的叠加。这种方法通过叠加多个频率、振幅和相位各异的正弦波来构建声音，适用于制造富有和声的、谐波结构复杂的音色。每个谐波对总声音的贡献不同。基频的贡献通常最显著，它决定了声音的基本音高。高阶谐波则贡献了声音的音色，它们的相对强度和相位关系会影响声音的最终特性。

减法合成也是一种在声音合成领域广泛使用的技术。和加法合成相反，它从富含谐波的复杂声波开始，通过各种滤波器去除某些频率成分，从而塑造所需的声音。通过调整滤波器的参数（如截止频率和谐振），可以改变音色的特性。这种方法以操作直观和灵活的特点，在音乐制作和声效设计领域被广泛应用。

2. 样本合成

样本合成同样是一种常见的声音合成技术，它利用预先录制的声音样本作为基础材料来生成新的声音。这种方法的核心优势在于能够提供极其真实的声音效果，因为它直接使用了实际声音的录音。样本合成因具有灵活性和真实性而在音乐制作、电影配音以及游戏声音设计中广受欢迎。

样本合成的基础是声音样本，这些样本是从真实世界中录制的各种声音。在合成过程中，可以通过控制声音样本的播放速度、音高和持续时间，在不显著降低音质的情况下改变样本的原始特性。有时，样本的速度或音高和目标需求并不匹配，这时就需要用到时间拉伸和音高变换技术，这使得在不改变音高的情况下改变声音的速度成为可能，反之亦然。在虚拟现实应用中，样本合成通过提供高度真实的声音样本，能够创建一个声学上令人信服的三维空间，增强用户的全方位体验。

7.2.2 基于物理模拟的声音合成方法

基于物理模拟的声音合成，也称为物理建模合成，是一种以声音产生和传播的物理原理为基础，通过数学模型来模拟真实世界中声音行为的方法。这种方法不仅能够创造出具有高度真实感的声音效果，还能模拟现实世界中难以录制或复现的声音，也可以实现和动画的同步，允许以极其细致的方式控制和操作声音的产生过程。这种方法能够产生极其逼真的声音效果，尤其适合需要高度真实感的应用，如虚拟现实和游戏场景。在接下来的内容中，我们将以刚体的声音的物理模拟为例，介绍基于物理模拟的合成方法的原理和方法。更多的细节或其他物体（如水声、布料等）的建模方法，请参考本章的参考文献。

1. 振动建模及分析

考虑一个简单的弹簧–质量系统作为基本振动模型的例子。它可以由式（7-9）所示的方程描述：

$$m\ddot{u} + c\dot{u} + ku = f \tag{7-9}$$

其中，m 是质点的质量，u 代表位移，c 代表阻尼系数，k 代表弹性系数，f 代表外力。

然后，我们描述实际三维固体的弹性振动，这通常可以用有限元网格来近似表示。对于这样的系统，我们得到上述振动方程（7-9）的高维表示形式，如式（7-10）所示：

$$\boldsymbol{M}\ddot{u} + \boldsymbol{D}\dot{u} + \boldsymbol{K}u = \boldsymbol{F} \tag{7-10}$$

其中，M 是质量矩阵，K 是刚度矩阵，D 是阻尼矩阵，F 代表外力矩阵。质量矩阵描述结构的惯性特性，可以根据元素的密度和几何体积计算得出。刚度矩阵描述结构的刚性。在有限元分析中，每个元素的刚度矩阵基于其材料属性和几何形状计算得出。阻尼矩阵考虑了结构在振动过程中能量的耗散。在许多情况下，阻尼矩阵是通过组合质量矩阵和刚度矩阵，以及经验阻尼系数来近似计算的。

接下来进行模态分析。模态分析可以转换为求解振动方程的特征值问题，以确定系统的自然频率和振动模式。这些模态信息揭示了物体在不受外力作用下的自然振动特性。首先，进行广义特征值分解：

$$KU = MUS \tag{7-11}$$

这里，U 是模态形状矩阵，S 是对角特征值矩阵。此分解能够将系统的振动分解为一系列独立的模态。当获得模态矩阵 U 后，可以将物理空间中的位移向量 u 转换为模态空间中的向量 q，从而将原始振动方程转换到模态空间，即

$$\ddot{q} + (\alpha I + \beta S)\dot{q} + Sq = U^\mathrm{T} F \tag{7-12}$$

其中，α 和 β 是阻尼矩阵的计算参数。通过广义特征值分解和模态空间变换，就能够将复杂的三维弹性体振动问题转换为一系列独立的一维振动问题。这些独立模态能够被单独求解，并结合起来模拟完整的振动。

2. 从振动到声音

当刚体表面振动时，它会在周围空气中产生压力波动，这些波动遵循声波方程。我们可以定义一个声传递函数，用于描述振动源到接收点之间声压的变化。一个声音可以表示为式（7-13）：

$$s(x,t) = \sum_i a_i(x)q_i(t) \tag{7-13}$$

其中，s 代表捕捉到的声音；q 代表振动模式；a 则为声传递函数，代表对不同模态的振动进行加权。

声传递函数可以从波动方程导出。在频域下，对于不同的振动模式，即不同的频率，可以定义对应频率下的 Helmholtz 方程的解 $p(x)$ 为声传递函数。当刚体表面振动时，它会在周围空气中产生压力波动，这些波动遵循声波方程。为了计算由振动表面辐射到周围空气中的声波，需要使用边界条件来将表面加速度与试图计算的声压量

联系起来。最基本的边界条件是声压沿表面法线方向的变化与表面加速度的关系，也就是还需要遵循 Neumann 边界条件。同时，为了保证声波向外辐射，还需要遵循 Sommerfeld 辐射条件。通过对每个模态独立计算，然后组合它们的贡献，就可以合成出由振动对象产生的完整声谱。

3. 声传递函数的求解

定义完声传递函数之后，接下来便要对其进行求解。这里主要以等效源法为例进行介绍，更多其他的方法（如边界积分、空间离散化等）的介绍请参考本章参考文献。

等效源法在声传递函数的求解中提供了一种将实际声源简化为一系列虚拟声源，从而重构声场的方法。这些简单声源称为等效源。

对于多极波，可以利用多极基函数对其进行展开，得到式（7-14）：

$$p(x;x_0) = \sum_{n=0}^{N} \sum_{m=-n}^{n} S_n^m(x-x_0)c_n^m \qquad (7\text{-}14)$$

这是 N 阶的多极展开，其中，S_n^m 是多极基函数，c_n^m 是多极扩展系数。将其写成矩阵形式，如式（7-15）所示：

$$p(x) = S(x) \cdot c \qquad (7\text{-}15)$$

求解多极扩展系数的工作可以通过最小化边界条件误差来实现。我们可以在固体表面均匀采样多个样本点，在这些点上最小化 Neumann 边界条件的误差。

7.2.3 基于物理模拟的声音合成实践

本节以火焰声音合成为例，讨论基于物理模拟的声音合成方法的实践。

1. 概述

图 7-1 展示了算法的流程。首先，使用基于物理的建模方法对火焰进行模拟，并导出每帧的速度场的相关场量。火焰的视觉渲染效果如图 7-1a 所示，该图给出了按时间顺序的三帧。由于传统的火焰解决方案并不考虑热量释放，将其转化为速度散度。由于所有的解决方案均需计算速度，因此可以很容易地计算速度散度。这里，利用导出的数据计算每帧的速度散度积分，如图 7-1b 所示。为了尽可能地恢复丢失的帧信息，采用基于 FFT 的上采样对散度进行重构。在基于 FFT 的上采样中定义的补

零方法如图 7-1c 的上图所示，上采样后的结果如图 7-1c 的下图所示。最后，利用 Mitchell-Netravali 滤波器对散度进行插值，对插值后的散度求导得到最终的声压，如图 7-1d 所示。

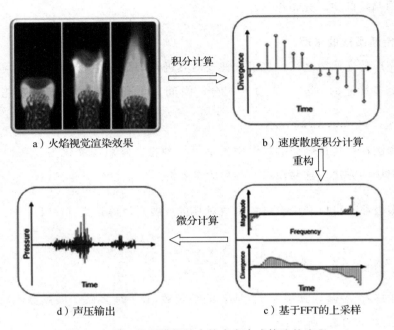

图 7-1　基于物理模拟的火焰声音合成算法的流程

2. 火焰视觉模拟

火焰作为多相流，由气体燃料和燃烧产生物两部分组成。假设当气体燃料越过气体燃料与燃烧产生物的分界面时会立即完全燃烧，释放大量热量和相应的燃烧产生物。该分界面被称为火焰前端。对火焰前端使用水平集或类似的方法进行显式跟踪，对气体燃料和燃烧产生物分别使用 Navier-Stokes 方程组进行建模，如式（7-16）和式（7-17）所示：

$$\frac{\partial u}{\partial t} = -(u \cdot \nabla)u - \nabla p / \rho + f \tag{7-16}$$

$$\nabla \cdot u = \Phi \tag{7-17}$$

其中，u 表示速度，t 表示时间，p 表示压强，ρ 表示密度，f 表示外力（比如浮力、重力等）。Φ 是一个可选的散度源，可以通过事先指定或模拟得到的实时数据来计算 Φ。当 Φ 大于零时，速度场在该点向外扩散；当 Φ 小于零时，速度场在该点向内收缩。除了速度场之外，密度场可用来建模燃烧产生烟雾的状态，温度场可用来建模燃烧产生的热量。它们除了增强火焰的真实感渲染外，温度场对于速度场也有影响，比如可用于求解浮力。

3. 火焰声音生成

（1）火焰声音生成的物理基础

火焰声音可视为多个声源的叠加。实验和分析表明，在蓝色核心的假设下，其他的声源（例如涡声）都是可以忽略的。也就是说，火焰声音的产生只来源于热量释放的波动，而热量释放稳定的火焰时则不产生声音。热量释放的波动造成了空气质量密度的波动，从而导致气压的波动，而气压的波动则表现为单极声源。可以用一个波动方程来描述声源和声音的传播，见式（7-18）：

$$\frac{1}{\rho_0 c_0^2} \frac{\partial^2 p}{\partial t^2} - \nabla \cdot \left(\nabla \frac{1}{\rho} p \right) = \frac{\partial}{\partial t} \left(\frac{\gamma - 1}{c_0^2} q \right) \tag{7-18}$$

其中，p 表示声压，c 表示声速，ρ 表示密度，γ 表示比热比，q 表示单位体积气体释放的热量速率，c_0 和 ρ_0 分别表示环境声速和密度。使用格林函数可以求解方程（7-18），得到式（7-19）：

$$p(x,t) = \frac{1}{4\pi} \frac{\gamma - 1}{c_0^2} \frac{\partial}{\partial t} \int \frac{q\left(y, t - \frac{|x - y|}{c_0}\right)}{|x - y|} \mathrm{d}^3 y \tag{7-19}$$

其中，x 为听者的位置。该式说明声压的产生源于热量释放的波动。

（2）基于高斯散度定理的建模

火焰热量释放集中在火焰前端，而热量释放量又和燃料速度成正比，于是可以将火焰热量释放的体积积分转化为火焰速度通量的曲面积分，由此得到式（7-20）：

$$\int q \mathrm{d}^3 x = \int_s u \cdot \boldsymbol{n} \mathrm{d}s \tag{7-20}$$

其中，s 表示火焰前端，u 表示速度，$\boldsymbol{n}$ 表示法向量。上述转化虽然无须再求取热量释放量 q，但由于需要在火焰前端上计算曲面积分，因此需要将火焰前端离散成三角面片。实验表明，这是一项相当耗费计算资源的操作，每次操作都要耗费秒级的时间。为了避免该操作，如图 7-2 所示，根据高斯散度公式，将曲面积分转化成散度的体积积分，如式（7-21）所示：

$$\int_S u \cdot \boldsymbol{n} \, \mathrm{d}s = \int_V \nabla \cdot u \, \mathrm{d}v \qquad (7\text{-}21)$$

其中，V 是由火焰前端包围的任意几何体。虽然该积分仍在火焰前端包围的几何体内计算，但唯一需要计算的是对速度的散度，因此显著减少了计算时间。忽略时间延迟和距离衰减，舍掉式中的常数因子，可以得到式（7-22）：

$$p(t) = \frac{\mathrm{d}}{\mathrm{d}t} \int_V \nabla \cdot u(\boldsymbol{x}, t) \, \mathrm{d}v(x) \qquad (7\text{-}22)$$

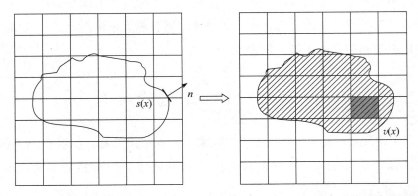

图 7-2　应用高斯散度定理求积。将火焰前端上的曲面积分（左图）转化成火焰前端包围几何体的体积积分（右图），计算单位由三角面片（粗线）变成了网格（黑色阴影部分）

（3）基于 FFT 上采样的模型求解

Marching-Cube 方法常用于三维网格空间的等值面提取计算，其中的等值面是空间中所有具有某个相同值的点的集合。它可以表示为式（7-23）：

$$\{(x, y, z) \mid f(x, y, z) = c\} \qquad (7\text{-}23)$$

其中，c 为在三维重构中给定的阈值。

该算法的基本思想如下：逐个处理数据场中的立方体（体素），分出与等值面相交的立方体，采用插值计算出等值面与立方体边的交点。根据立方体的每一顶点与等值面的相对位置，将等值面与立方体边的交点按一定方式连接成三角面片，作为等值面在该立方体内的一个逼近表示。由于 Marching-Cube 算法快速、容易实现，且对于每一个立方体的处理互不相关，非常利于并行化实现，因此将这一算法思想用于计算散度积分。

基于 Marching-Cube 算法的思想，将整个模拟空间均匀离散成 $M \times N \times L$ 个立方体，在每一个立方体的顶点求取其在相应数据场中的值 ϕ_{x_i}，如图 7-3 所示。这里的数据场可以根据解决方案的不同而改变。在求得数据场的值 ϕ_{x_i} 后，开始遍历每一个立方体。与 Marching-Cube 算法不同的是，由于已经将对速度通量的曲面积分转化为对速度散度的体积积分，因此无须再计算等值面的逼近表示，而只需要确定每一个立方体是否在等值面内。假设使用 c 值来生成等值面，当某个顶点的 $\phi_{x_i} > c$ 时，认为该顶点落在等值面的外侧，反之，则该顶点落在等值面内侧。当某个立方体有落在等值面内侧的顶点时，则认为该立方体有部分或全部落在了等值面内。我们需要计算这部分的体积 δv，如图 7-3 所示。计算公式见式（7-24）：

$$\delta v = \frac{1}{8} h^3 \sum_{i=0}^{7} f(\phi_{x_i}) \tag{7-24}$$

其中，$f(\tau) = \begin{cases} 1, & \tau \leqslant c \\ 0, & \tau > c \end{cases}$，$h$ 为立方体的边长。

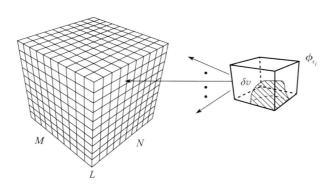

图 7-3 空域离散化表示。在离散后的每个立方体上分别计算 δv 和 $\nabla \cdot u$

求出体积 δv 之后，如果 $\delta v > 0$，在立方体的中心求取速度的散度 $\nabla \cdot u$，反之，将散度值直接置为 0。在遍历完所有的立方体后，将所有立方体上 $\nabla \cdot u$ 和 δv 的乘积累加，得到最终的速度散度积分见式（7-25）：

$$\int_V \nabla \cdot u \, \mathrm{d}v = \sum \nabla \cdot u \delta v \tag{7-25}$$

（4）基于 FFT 的上采样

根据火焰模拟中导出的数据可以求出每帧的速度散度积分 $\mathrm{div}(t)$，但帧与帧之间的信息丢失了。为了进一步提高速度，需要采用降低模拟帧率的方式。然而，降低帧率会导致一些关键帧信息丢失，从而引起声音结果的失真。为此，需要尽可能地恢复这些丢失的帧信息。信号处理领域中的基于补零技术的上采样方法可以用来较好地恢复高频信息。该方法速度快并且容易实现。

通过在频域下补零的方式可以构建一个基于 FFT 的上采样操作。补零操作通过填充零来延长频谱。通过补零，可以将一个长度为 L 的频谱延长至 $N > L$，如式（7-26）所示：

$$\mathrm{ZeroPad}_{N,L}(x) = \begin{cases} x(\omega), & |\omega| < L/2 \\ 0, & \text{否则} \end{cases} \tag{7-26}$$

其中，L 为原频谱长度，N 为补零操作后频谱信号长度。一般来说，$N = kL$，k 为扩充倍数。

上采样操作如图 7-4 所示。首先，将求得的散度值 $\mathrm{div}(t)$ 通过 FFT 从空域转换到频域 $s(\omega)$。在图 7-4c 中，保持低频部分不变，对高频部分进行补零操作。最后，通过 IFFT（逆向傅立叶变换）得到上采样后的时域信号。对比图 7-4a 和图 7-4d，经过上采样操作后，在各个时间步之间丢失的帧信息得以恢复。

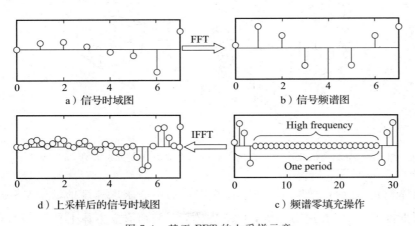

a）信号时域图　　　　b）信号频谱图

d）上采样后的信号时域图　　　　c）频谱零填充操作

图 7-4　基于 FFT 的上采样示意

（5）声压计算

为了求出声压 $p(t)$，需要对散度值 $\mathrm{div}(t)$ 进行求导操作。由于 $\mathrm{div}(t)$ 只在固定的时间步 0、Δt、$2\Delta t$、$\cdots$、$N\Delta t$ 可知，因此必须借助插值操作来得到连续的时域信号。使用立方插值函数对 $\mathrm{div}(t)$ 进行插值，如式（7-27）所示：

$$\mathrm{div}(t) = \sum_{n=0}^{N} \mathrm{div}(n\Delta t)k\big[(t-n\Delta t)/\Delta t\big] \qquad (7\text{-}27)$$

其中，

$$k(x) = \frac{1}{6}\begin{cases} 7|x|^3 - 12|x|^2 + \dfrac{16}{3}, & |x| < 1 \\[2mm] -\dfrac{7}{3}|x|^3 + 12|x|^2 - 20|x| + \dfrac{32}{3}, & 1 \leqslant |x| < 2 \\[2mm] 0, & \text{其他} \end{cases}$$

之后，可以对其求导，从而求得声压，如式（7-28）所示：

$$p(t) = \frac{\mathrm{d}}{\mathrm{d}t}\mathrm{div}(t) = \sum_{n=0}^{N} \mathrm{div}(n\Delta t)\frac{\mathrm{d}}{\mathrm{d}t}k\big[(t-n\Delta t)/\Delta t\big] \qquad (7\text{-}28)$$

4. 火焰声音合成结果

为了验证以上火焰声音合成模型的有效性，本节进行一个实验。实验建模了一个火焰喷枪，喷枪不断向外喷射气体，如图 7-5a 所示。高速运动的气体在发生燃烧反应后，速度发生不规则变化，从而形成湍流。正是由于这种不稳定性，使速度的散度积分发生改变，形成声音。但这种改变相对平滑，声音也相对平稳（如图 7-5b 所示）。

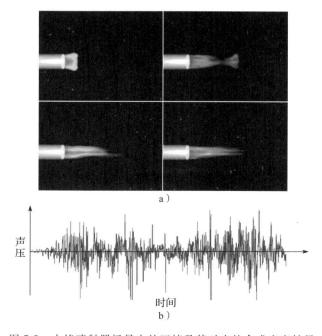

图 7-5　火焰喷射器场景中的四帧及其对应的合成声音结果

7.3   声音传播

声音传播的模拟用于在图形学和声学模拟中处理声音如何在环境中从一点移动到另一点。这涉及声音从声源发出，经过多种路径传播，最终被听者或接收器捕捉到的全过程。本节将介绍两种主要的声音传播模拟方法：几何方法和数值方法。

几何方法通过简化的几何模型揭示了声音在不同环境中的直线传播和反射路径，提供了一种直观且相对简单的分析手段。数值方法则使用详细的计算模型来模拟声波在介质中的复杂行为，并支持对各种复杂环境下声场进行精确预测。更多的声音传播模拟方法可以参考本章参考文献。

7.3.1   几何方法

在声音传播模拟领域，几何方法提供了一种强大且直观的工具，帮助我们理解和预测声音在复杂环境中的传播行为。本节将重点介绍几何声学方法中的一项关键技术——射线追踪技术。几何方法利用声波的射线模型来模拟声音的直线传播及其与环境中各种障碍物的相互作用，如反射、折射和吸收。通过这种方式，可以有效地预测声音在建筑空间内的分布，优化声学设计，并解决实际问题。射线追踪技术是基于几何的声音传播模拟技术的典型代表。本节将探讨射线追踪技术的基本原理和操作步骤。

1. 声射线

射线追踪技术基于几何光学的原理，其中声波被假设为沿直线路径传播的射线。每条声射线携带一定量的声能，这些射线从声源出发，沿特定方向传播，直到它们与某个表面相交。

由于每条射线携带一定量的声能，这种能量随着射线的传播而被传递、反射或吸收，所以首先要确定每条声射线的能量与方向。以点声源为例，假设每条射线携带的初始能量如式（7-29）所示：

$$W_i = \frac{10^{\left(\frac{L_{w_0}}{10} - 12\right)}}{N} \tag{7-29}$$

其中，L_{w_0} 为声源功率级。对于声线的方向，可以取一个单位的球面，再取间隔相等的圆环，在每个圆环上再取间隔相等的点，从原点指向这些点的方向可以作为声射线的方向。

2. 碰撞和反射

在射线追踪中，声波沿直线路径传播，直到它们与某个表面相交。当声射线遇到一个界面时，它会根据声学属性产生反射或透射射线。

首先，需要针对场景中的各个表面写出其坐标系下的方程，然后与声射线方程进行联立，求得声射线与该平面的交点，即碰撞点。计算出碰撞点后，需要对其进行包含性检测，判断它是否包含在实际的平面内。

计算完碰撞点后，要计算声射线在碰撞后的反射方向和反射声能。对于反射后的声能，根据吸声系数算出。对于反射后的方向，主要取决于进行反射的界面。如果是光滑的刚性壁，可以认为发生了镜面反射，反射角可以根据入射角度及该界面的法线方向来确定。

3. 到达声音接收点

射线在传播过程中的能量会根据空气或碰撞界面的吸收性质逐渐衰减。因此，要判断射线能否到达接收点，以及到达接收点时的能量。可以选择以接收点为球心的一个区域作为接收域，然后计算接收点与声线的距离，如果该距离落在接收域范围内，则认为接收到该声音。另外，可以设置一个最大反射级数，超过该值时，可以认为声射线经过多次反射后携带的能量已经很小，不再进行声射线追踪。追踪完所有声射线以后，便可以得到接收点处的能量脉冲响应序列。

7.3.2 数值方法

在声学领域，数值方法为解决复杂的声波传播问题提供了一种精确而灵活的解决方案。通过离散化技术，可以将连续的物理方程转换为能够在计算机上求解的离散方程组。本节主要介绍采用有限元法求解声的波动方程，它支持对声场进行详尽的模拟，即使在几何形状复杂、材料属性多变的环境中也能维持高精度。此外，还有许多其他的数值模拟方法，如边界元法、时间域有限差分法等，感兴趣的读者可以参考本章参考文献。

在声学模拟领域中，数值方法（尤其是有限元法）提供了一种精确且强大的工具，可以解决涉及复杂几何和边界条件的声学问题。有限元法是一种数值技术，用于求解偏微分方程或积分方程。在声学领域，这通常涉及将连续的声场问题离散化为在有限数量的小元素上解决的问题。

采用有限元法时，首先对域进行离散化，将整个声场区域划分为许多小的、形状规则的元素，通常是四面体或六面体。每个元素有自己的材料属性。

有限元法在声学中通常用来求解波动方程，波动方程的频域形式 Helmholtz 方程在之前的内容中已经给出。同时，需要考虑边界条件，如添加刚性壁面和吸收壁面的约束，则得到式（7-30）和式（7-31）：

$$\frac{\partial p}{\partial n} = 0 \tag{7-30}$$

$$\frac{\partial p}{\partial n} = -j\rho\omega\frac{p}{z_s} \tag{7-31}$$

再将局部元素矩阵集成起来，可以建立方程如式（7-32）所示：

$$(\boldsymbol{K} + j\rho\omega\boldsymbol{C} - k^2\boldsymbol{M})\boldsymbol{p} = F \tag{7-32}$$

其中，$\boldsymbol{K}$ 是刚度矩阵，$\boldsymbol{C}$ 是阻尼矩阵，$\boldsymbol{M}$ 是质量矩阵，F 是等效载荷。求解该线性方程组可得到声传递函数。

7.4　声音渲染

人耳最终听到的声音可以通过声音渲染来实现。可以利用空间音频技术对声音进行渲染，从而得到有空间感的声音。在现代音频技术中，空间音频的概念和应用迅速发展，为创建沉浸式听觉体验提供了前所未有的可能性。空间音频技术使声音不再局限于传统的立体声播放方式，而是可以在三维空间中进行精确的定位和移动，模拟真实世界中的听觉体验。本节将重点介绍两种空间音频技术——双耳声和 Ambisonics，这两种技术以各自独特的方法捕捉和再现声音的空间特性，为虚拟现实、电影制作、音乐演出及游戏设计等领域提供了重要的技术支持。本节首先介绍双耳渲染技术，探讨它如何利用头部相关传输函数来模拟声音在个体头部和耳朵周围的传播，从而在耳机中重现真实的方位感和距离感。之后，将介绍 Ambisonics 技术，说明它如何让声音在球形环境中被播放和操控。

7.4.1　双耳声渲染

双耳声技术是一种在音频处理中用于模拟人类 两耳间听觉差异的方法，它可以创造出具有方向感和空间感的声音体验。这种技术利用人类头部、耳朵、肩膀等身体结构对声波的影响，即头相关传递函数（Head-Related Transfer Function，HRTF），使听者能够感知到声音的三维位置。

双耳声技术基于人耳接收声音的自然机制。7.1 节中提到过双耳定位的原理，当声音从不同方向到达时，由于人的头部的阻挡和耳廓的形状，同一声音信号在两耳上的接收时间和强度会有所差异。这些差异被大脑解读为声源的方向信息，从而实现空间定位。

1. 头相关传递函数

头相关传递函数是双耳声技术的核心，它是一种考虑了头部、耳朵、肩膀等身体结构影响的复杂函数，描述了声音从特定方向到达听者耳朵的过滤效果。HRTF 不仅包括时间差（ITD）和强度差（ILD），还涵盖了耳廓形状引起的频谱改变。该函数的表示形式如式（7-33）所示：

$$\begin{cases} H_{L}(r,\theta,\varphi,\omega,a) = \dfrac{p_{L}(r,\theta,\varphi,\omega,a)}{p_{0}(r,\omega)} \\[3mm] H_{R}(r,\theta,\varphi,\omega,a) = \dfrac{p_{R}(r,\theta,\varphi,\omega,a)}{p_{0}(r,\omega)} \end{cases} \tag{7-33}$$

其中，L 代表左耳，R 代表右耳。H_{L} 和 H_{R} 分别是左耳和右耳的头部相关传递函数，p_{L} 和 p_{R} 分别是左耳和右耳的声压，p_{0} 是头中心位置处没有听者时的声压。r 代表声源的距离，θ 和 φ 代表方位角，ω 代表声音的频率，a 代表头部尺寸。HRTF 是频域上的表示，它对应的时域下的表示是头部相关冲激响应，二者可以通过傅里叶变换进行相互转换。HRTF 时域下的表示如式（7-34）和式（7-35）所示：

$$p_{L}(t) = \int h_{L}(t-\tau) p_{0}(\tau) \mathrm{d}\tau \tag{7-34}$$

$$p_{R}(t) = \int h_{R}(t-\tau) p_{0}(\tau) \mathrm{d}\tau \tag{7-35}$$

HRTF 可以通过计算得到，也可以通过测量得到。测量时，可以通过真人进行测量，也可以通过人工进行测量，测量时将麦克风放置在耳朵的位置，以模拟真实的人耳接收声音的方式。每个人的 HRTF 都是独特的，因为它取决于个体的头部和耳朵的形状，不同的人可能会有不同的感受。

2. 虚拟重放

通过使用 HRTF 过滤单声道音频信号，可以模拟声音在三维空间中的传播，从而在耳机中重现方向性和距离感，实现模拟声音的重放。

要处理单声道信号，以模拟声音从不同方向到达人的双耳的效果，就要用到预先录制或计算得出的 HRTF。具体来讲，需要将声信号与 HRTF 进行卷积，以生成具有空间属性的声音，如式（7-36）和式（7-37）所示。

$$S_L(f) = H_L(r,\theta,\varphi,\omega,a)S \tag{7-36}$$

$$S_R(f) = H_R(r,\theta,\varphi,\omega,a)S \tag{7-37}$$

其中，S 代表原始单声道信号，S_L 和 S_R 分别代表虚拟重放后在左耳和右耳听到的声音。同样，可以在时域上将声信号与 HRTF 表示为卷积的形式，如式（7-38）和式（7-39）所示：

$$s_L(t) = \int h_L(t-\tau)s(\tau)\mathrm{d}\tau \tag{7-38}$$

$$s_R(t) = \int h_R(t-\tau)s(\tau)\mathrm{d}\tau \tag{7-39}$$

在封闭的室内环境中，为了符合室内声场的特性，可以引入双耳房间脉冲响应（Binaural Room Impulse Response，BRIR）。BRIR 不仅考虑了人体（特别是头部和耳朵）对声音传播的影响，还包括了房间的声学特性的影响。它同样可以采用卷积的形式表示，这里就不再赘述。

7.4.2 Ambisonics

Ambisonics 是一种全方位的声音编码技术，能够精确地记录和再现声音场的三维空间特性。这种技术不仅适用于专业音频领域，如电影和音乐制作，而且在虚拟现实和增强现实等新兴领域显现出巨大的潜力。

A 格式是 Ambisonics 录音的原始格式，通常由使用特定 Ambisonics 麦克风阵列捕获的原始多通道音频数据组成。这些麦克风通常采用特定的几何配置排列，直接捕捉声场中的声压级，这些信号是未加工的。

B 格式是对 A 格式进行线性变换得到的。这个线性变换取决于麦克风阵列的几何布局和声场的声学属性。变换后的格式更加适合声音的处理和传输。这里只讨论一阶情况。一阶的 B 格式包含四个通道：W、X、Y 和 Z，每个通道代表声场的不同组成部分。其中，W 通道代表全向声音成分，即声场的总声压；X 通道代表前后方向的声音成分；Y 通道代表左右方向的声音成分；Z 通道代表上下方向的声音成分。

Ambisonics 基于球谐函数，是一组定义在球面上的正交函数。在 Ambisonics 中，声场被描述为一系列球谐分量的组合，每个分量代表声场在特定方向上的能量分布。一个函数在球面谐波下的级数展开可表示为如下形式：

$$f(\theta, \varphi) = \sum_{n=0}^{\infty} \sum_{m=-n}^{n} C_n^m Y_n^m(\theta) \tag{7-40}$$

其中，C_n^m 是展开的系数，Y_n^m 是对应的球谐函数。在这组基底上，系数可以通过对栓函数和基底函数的卷积得到。Ambisonics 一般采用实数球谐函数以及施密特半标准化处理。

Ambisonics 的编码过程涉及捕捉声源的方向信息，并将其转换为一组球谐系数，即将捕捉到的数据转换为 Ambisonics 格式。每个麦克风捕捉到的声音被分解成球谐分量，这些分量随后被用来重建声场。解码过程则是将编码的 Ambisonics 格式转换为特定播放系统所需的格式，通常包括将 Ambisonics 信号转换为多个扬声器信号，使得最终的声场能够根据扬声器的物理布局进行精确再现。

7.5 参考文献

［1］ LIU S，MANOCHA D. Sound Synthesis，Propagation，and Rendering ［M］. Berlin：Springer，2022.

［2］ FERSTL F，ANDO R，WOJTAN C，et al. Narrow band FLIP for liquid simulations ［J］. Computer Graphics Forum，2016，35（2）：225-232.

［3］ SCHWARZ D，SCHNELL N. Descriptor-based sound texture sampling ［EB/OL］. ［2010-06-10］［2024-12-20］. https：//articles. ircam. fr/texts/Schwarz10a/index. pdf.

［4］ HOWE M S. Acoustics of Fluid-Structure Interactions ［M］. Cambridge：Cambridge Press，1998.

［5］ JAMES D L，LANGLOIS T R，MEHRA R，et al. Physically based sound for computer animation and virtual environments ［C］//ACM. ACM SIGGRAPH Courses. Anaheim：ACM. 2016.

7.6 本章习题

1. 编程实现基于物理的火焰声音合成技术。

2. 声音传播模拟的几何方法和数值方法各有哪些优缺点？

3. 简述 Ambisonics 声音渲染方法的原理。

第 8 章　基于深度学习的图形技术

深度学习作为机器学习领域重要的技术手段，在计算机图形学中也有着广阔的应用前景。本章将简述深度学习的发展历程，介绍卷积神经网络、自动编码器、生成对抗网络及其衍生的系列方法模型，并介绍一些主流深度学习框架。此外，本章将讨论深度学习在计算机图形学领域的应用情况，解释深度学习在图形生成技术中的重要性和应用范围，涵盖三维动画、虚拟现实、三维重建等。

8.1　深度学习的原理与经典模型

本节将介绍深度学习的原理与经典的深度学习模型，包括卷积神经网络、自动编码器、生成对抗网络等。

8.1.1　深度学习的原理

1. 深度学习的发展

深度学习的萌芽可以追溯到 20 世纪五六十年代，当时科学家们开始探索神经网络模型。最早的神经网络模型可以追溯到 1943 年由 McCulloch 等人提出的 Mc-Culloch-Pitts 计算结构。这种结构可以模拟神经元进行工作，不足之处是需要手动设置权重，效率非常低下。1969 年，Minsky 教授和 Papert 教授否定了多层神经网络训练的可能性，这在一定程度上阻碍了神经网络领域的发展。在当时，由于计算能力不足、数据稀缺以及算法限制等因素，深度学习并未取得突破性进展。

1986 年，Rumelhart 教授团队提出了反向传播算法。这一算法的提出重新点燃了学者们对神经网络的研究热情，使神经网络的研究迎来了第二次高潮。在 20 世纪 90 年代，由于神经网络模型训练困难和存在性能瓶颈，导致深度学习进入了一个低谷期，研究者们逐渐将注意力转移到其他机器学习方法上。

21 世纪初，随着计算能力的增强、大数据的普及和算法的改进，深度学习再次引起了广泛关注。2006 年，Hinton 教授及其团队在 *Science* 上发表了关于深度学习的突破性理论，首次提出了通过逐层初始化来解决深度神经网络训练难题的方法。该理论的提出再次激发了人们对深度学习的兴趣，并推动了该领域的进一步发展。

2012 年，Hinton 等人提出的 AlexNet 在 ImageNet 图像识别竞赛中取得了惊人的成绩，标志着深度学习在计算机视觉领域的崛起。2016 年，AlphaGo 击败围棋世界冠军李世石，之后，深度学习在语音识别、自然语言处理、推荐系统等领域取得了一系列重大突破，成为当今人工智能领域的核心技术之一。

2. 深度学习的工作原理

深度学习是通过构建多层隐含神经网络模型，进行层次化特征提取学习的过程。通过大规模数据的训练，模型能够学习最有利的参数，将简单的特征组合抽象成高层次的特征，从而实现对数据或实际对象的更加抽象的表达。

深度学习的核心是神经网络，它由多层神经元组成，每一层都包含多个节点（神经元）。这些节点之间的连接具有权重，神经网络通过调整这些权重来学习数据的特征和模式。在深度学习中，数据从输入层通过神经网络向前传播至输出层的过程称为前向传播。

在前向传播过程中，每个神经元接收上一层神经元的输出，并根据连接权重和激活函数的作用将结果传递给下一层神经元。在神经网络中，每个节点通常会应用一个激活函数来引入非线性特性。常用的激活函数包括 Sigmoid 函数、ReLU 函数、Tanh 函数等，这使得神经网络可以学习和表示更复杂的函数。

损失函数用于衡量模型预测结果与真实标签之间的差异，是深度学习模型优化的目标。常见的损失函数包括均方误差（Mean Squared Error）和交叉熵损失（Cross Entropy Loss）等。

反向传播是深度学习模型优化的核心算法，它通过计算损失函数对模型参数（权重和偏置）的导数，并沿着梯度方向更新参数，使得损失函数值逐渐减小，这样模型的预测结果就能逐渐接近真实标签。在反向传播过程中，可以通过优化算法来更新模型参数以减小损失函数。常见的优化算法包括随机梯度下降（SGD）、Adam、Adagrad 等。

深度学习最常见的结构是卷积神经网络（Convolutional Neural Network，CNN）。它是模式识别、图像处理领域的一种高效且稳定的方法，通过局部感知、共享权值、空间或时间上的池采样来充分利用数据本身包含的局部特性。

　　所谓局部感知，是指在卷积神经网络结构中，每个神经元只与部分图像产生特征映射关系，不用感知全局图像。这一特性来自 1962 年 Hubel 和 Wiesel 通过研究猫视觉皮层细胞而提出的感受野理论。共享权值则是指使用卷积神经网络提取一种特征时，神经元间共享一套权值，且用一个相同的卷积核对图像做卷积；当提取 n 种特征时，神经元间共享 n 套权值，并用这 n 个相同的卷积核对图像做卷积。局部感知和共享权值这两个特性大大地减少了卷积神经网络结构中的参数数目，使网络结构变得简单、清晰。

8.1.2　深度学习的经典模型

　　本节主要介绍深度学习中的经典模型，包括深度监督学习、深度无监督学习和深度强化学习。

1. 深度监督学习

　　深度监督学习是深度学习的一种核心学习范式，它通过大量的标注数据来训练模型，使得模型能够学习到输入数据与输出结果之间的复杂映射关系。在计算机图形学领域，深度监督学习的应用非常广泛，它通过利用大量的图像、视频或三维模型数据，训练神经网络来执行各种计算机视觉和图形学任务，如图像分类、姿态估计和三维重建等。

　　在深度监督学习的训练过程中，首先需要一个由人类专家标注好的数据集，这些数据集包含了输入样本和对应的正确输出标签。例如，在图像分类任务中，输入样本是图像，而输出标签是图像中物体的类别。通过这些输入和输出数据，神经网络模型可以通过前向传播来预测新输入数据的输出，并通过反向传播算法调整网络参数以最小化预测误差。

　　深度监督学习的关键在于构建一个能够捕捉数据内在特征的神经网络结构。这通常涉及多层神经网络，也就是深度神经网络。它由多个隐藏层组成，每一层都能够学习到数据的不同层次的特征。较低的层次可能学习到简单的特征（如边缘和纹理），而较高的层次则能够捕捉更复杂的模式（如物体的形状和场景的结构）。在计算机图形学中，深度监督学习的应用不仅用于图像和视频处理，还可以用于三维模型的生成和编辑。例如，通过训练深度神经网络，可以学习到三维模型的潜在表示，从而实现新模型的生成或现有模型的修改。

尽管深度监督学习在计算机图形学中已经展现出巨大的潜力，但它也面临着一些挑战，如对大量标注数据的依赖、训练过程中的过拟合问题以及对计算资源的需求，这些挑战在深度无监督学习中得到了解决。但不可否认，深度监督学习在计算机图形学的发展中发挥了重要的作用，之后也将推动图形学技术的进步和创新。

2. 深度无监督学习

深度无监督学习是深度学习领域中不依赖于标注数据的一种学习范式，它通过让神经网络自行发现输入数据中的结构和模式进行学习。与传统的监督学习相比，无监督学习不需要大量的标注样本，而是利用数据本身的内在结构来指导学习过程，这使得它在处理未标注的大规模数据集时具有独特的优势。在计算机图形学中，深度无监督学习可以应用于多种任务，如图像去噪、风格迁移、图像生成和三维形状重建等。例如，通过使用自动编码器有效地学习图像的压缩表示和重建，可以实现去噪和数据压缩。

自动编码器（Autoencoder）就是一种无监督的神经网络模型，由编码器和解码器两部分组成。编码器负责将输入数据压缩成一个低维的潜在表示；解码器则将这个潜在表示重建回原始数据的空间。自动编码器的核心思想是通过这种压缩和重建的过程来学习数据的有效表示，同时尽可能地保留原始数据的关键信息。在训练过程中，自动编码器通过最小化重建误差来优化参数，尝试让解码器输出的数据尽可能接近原始输入数据。这个重建误差通常使用均方误差（Mean Squared Error，MSE）或其他相似度度量来计算。通过这种方式，自动编码器能够学习到一个可以捕捉数据内在结构的潜在空间，忽略不重要的变化和噪声。尽管自动编码器是一种无监督学习模型，但它可以与其他监督学习算法结合使用。例如，可以使用自动编码器来预训练网络的一部分，然后用监督数据进行微调。这种方法可以加速训练过程，并提高模型的泛化能力。

另一个重要的无监督学习模型是生成对抗网络，它由生成器和判别器组成，通过对抗性训练生成逼真的数据样本。在图形学中，生成对抗网络可以用来生成新的图像、纹理或三维模型，为游戏设计、虚拟现实和电影制作等提供丰富的视觉资源。生成对抗网络的核心思想是通过两个神经网络之间的对抗过程来生成数据，这两个网络分别是生成器和判别器。生成器的任务是创造出新的数据实例，这些实例在视觉上与真实数据难以区分。生成器接收一个随机噪声作为输入，并通过学习数据的分布来生成新的数据样本。生成器的目标是生成尽可能逼真的数据，以便欺骗判别器。判别器则扮演着评估者的角色，它的任务是区分输入数据是来自真实数据集的数据还是生成器产生的假数据。判别器接收生成器产生的数据和真实数据集的数据作为输入，然后输出一个概率值，表示输入数据为真实数据的可能性。在生成对抗网络的训练过程中，生成器和判别器相互竞争，生成器不断学习如何产生更加逼真的数据，而判别器则不断提高自己的判断能力以区分真假数据。这个过程可以被看作一个最小化/最大化问题，生成器试图最小化被判别器识别为假数据的概率，而判别器则试图最大化正确分类真假数据的能力。这种对抗性的训练过程最终推动生成器生成高质量的数据，这些数据在统计特性上与真实数据非常接近。尽管生成对抗网络在许多方面取得了显著的成就，但它也面临一些挑战，如训练不稳定、模式崩溃和梯度消失等问题。

深度无监督学习为计算机图形学提供了强大的工具，使得从大量未标注数据中学习成为可能。随着技术的进步和算法的发展，深度无监督学习将在计算机图形学领域扮演越来越重要的角色，推动图形学技术的进步和创新。

3. 深度强化学习

深度强化学习是深度学习与强化学习相结合的一种先进学习范式，它通过使用深度神经网络来近似强化学习中的决策函数，从而在复杂的环境中进行有效的决策和学习。在计算机图形学领域，深度强化学习的应用逐渐展现出其独特的价值和潜力。

深度强化学习的核心在于智能体通过与环境的交互来学习最优的行为策略。智能体在每一步都会根据当前的状态（State）选择一个动作（Action），然后环境根据智能体的动作给出一个新的状态和奖励（Reward）。智能体的目标是最大化其长期获得的总奖励，这通常需要通过探索（Exploration）和利用（Exploitation）的平衡来实现。

在计算机图形学的应用中，深度强化学习可以用于多种任务，如自动图形设计、动画制作、三维场景布局和游戏 AI 等。例如，在自动图形设计中，深度强化学习可以用来优化设计参数，生成满足特定美学或功能要求的图形元素。在动画制作中，智能体可以通过学习人类动画师的动作数据来生成自然流畅的动画序列。在三维场景布局中，深度强化学习可以帮助智能体学习如何根据场景的需求和约束来放置和调整物体。

深度强化学习的一个关键挑战是如何处理高维的输入空间和复杂的决策过程。在计算机图形学中，状态空间通常是高维的，可能包括像素值、三维坐标和纹理信息等。为了解决这个挑战，使用深度神经网络来提取和表示状态的特征，并使用强化学习算法来根据这些特征学习最优的动作选择策略。尽管存在挑战，但深度强化学习在计算机图形学中的应用前景非常广阔。随着算法的不断改进和计算资源的增加，深度强化学习有望在未来的图形学研究和产业中发挥更加重要的作用。

8.1.3　深度学习框架

为了方便实现和训练深度学习模型，研究者通常会使用深度学习框架，如 TensorFlow、PyTorch 等。这些框架提供了高效的计算图构建、自动求导、优化算法实现等功能，使深度学习的实现变得更加便捷和高效。本节重点介绍深度学习框架，以及它们在图形生成任务中的应用优势和实践方法。

1. 常见的深度学习框架

深度学习框架是用于构建、训练和部署深度学习模型的软件工具集合。这些框架提供了一系列函数和工具，能够帮助开发者轻松地实现复杂的神经网络结构。

深度学习框架的优势在于可以提供高效的数学运算库（如张量运算和自动微分），并且定义了各种类型的神经网络层和模型结构（如卷积层、循环层和全连接层）。此外，大多数框架实现了各种优化算法（如梯度下降和自适应学习率算法），提供了训练和推理的接口，以及模型可视化和调试工具。

常见的深度学习框架包括 TensorFlow、PyTorch、Keras、Caffe、MXNet、Jittor 等。TensorFlow 由 Google 开发，是一个功能强大的框架，能够支持动态计算图和静态计算图；PyTorch 由 Facebook 开发，具有易用性和灵活性，已经广泛用于学术界和工业界；Keras 是一个高级神经网络 API，可以在 TensorFlow、Theano 和 CNTK 等的后端上运行；Caffe 是一个适用于计算机视觉任务的框架，具有高效的卷积神经网络实现；MXNet 是一个深度学习框架，拥有分布式训练和跨平台支持等特性；Jittor 是一个开源深度学习框架，基于统一计算图，具有灵活性、可扩展性和可移植性。

2. 深度学习框架的应用实例

在本节中，为了帮助读者更好地理解深度学习和学习深度学习框架在计算机图形学的应用，我们将基于 PyTorch 框架实现基本的 Transformer 框架。

在计算机图形学领域，Transformer 框架得到广泛应用。Transformer 是一种在自然语言处理领域具有革命性影响的深度学习模型架构，由 Vaswani 等人在 2017 年提出。它最初是为了解决序列到序列（seq2seq）任务而设计的，如机器翻译、文本摘要和问答系统等任务。由于 Transformer 在计算机视觉和图形学领域同样表现出色，因此出现了大量相关研究。在三维场景理解和渲染中，它用于捕捉场景中的复杂空间关系和动态变化；在动画生成和角色建模中，它通过学习角色动作和场景变化的序列数据可以生成流畅且逼真的动画序列，为游戏和虚拟现实提供更加丰富的内容。

（1）编码器与解码器结构

Transformer 模型由编码器和解码器两部分组成。编码器由多个相同的层堆叠而成，每一层都包含自注意力机制和前馈神经网络。解码器同样由多个层组成，除了包含自注意力机制和前馈神经网络外，还引入了编码器–解码器注意力机制，使得解码器能够关注到编码器的输出，从而更好地理解输入序列的全局信息。

下面的 EncoderBlock 类包含两个子层：多头自注意力和基于位置的前馈网络，这两个子层都使用了残差连接和层规范化机制。

```
 1. class EncoderBlock(nn.Module):
 2. """Transformer 编码器块"""
 3. def __init__(self,keysize,querysize,valuesize,numhiddens,
 4.        normshape,ffnnuminput,ffnnumhiddens,numheads,
 5.        dropout,usebias= False,kwargs):
 6.     super(EncoderBlock,self).init(kwargs)
 7.     self.attention = d2l.MultiHeadAttention(
 8.        keysize,querysize,valuesize,numhiddens,
 9.        numheads,dropout,usebias)
10.     self.addnorm1 = AddNorm(normshape,dropout)
11.     self.ffn = PositionWiseFFN(
12.        ffnnuminput,ffnnumhiddens,numhiddens)
13.     self.addnorm2 = AddNorm(normshape,dropout)
14. def forward(self,X,validlens):
15.     Y = self.addnorm1(X,self.attention(X,X,X,validlens))
16.     return self.addnorm2(Y,self.ffn(Y))
```

在 DecoderBlock 类中实现的每个层包含三个子层：解码器自注意力、"编码器–解码器"注意力和基于位置的前馈网络，这些子层也包括残差连接与层规范化。

```
 1. class DecoderBlock(nn.Module):
 2. """解码器中第 i 个块"""
 3. def init(self,keysize,querysize,valuesize,numhiddens,
 4.        normshape,ffnnuminput,ffnnumhiddens,numheads,
 5.        dropout,i,kwargs):
 6.     super(DecoderBlock,self).init(kwargs)
 7.     self.i = i
 8.     self.attention1 = d2l.MultiHeadAttention(
 9.        keysize,querysize,valuesize,numhiddens,numheads,dropout)
```

```
10.      self.addnorm1 = AddNorm(normshape,dropout)
11.      self.attention2 = d2l.MultiHeadAttention(
12.      keysize,querysize,valuesize,numhiddens,numheads,dropout)
13.      self.addnorm2 = AddNorm(normshape,dropout)
14.      self.ffn = PositionWiseFFN(ffnnuminput,ffnnumhiddens,
15.          numhiddens)
16.      self.addnorm3 = AddNorm(normshape,dropout)
17. def forward(self,X,state):
18.      encoutputs,encvalidlens = state[0],state[1]
19. # 训练阶段,输出序列的所有词元都在同一时间处理,
20. # 因此 state[2][self.i]初始化为 None。
21. # 预测阶段,输出序列是通过词元一个接着一个解码的,
22. # 因此 state[2][self.i]包含着直到当前时间步第 i 个块解码的输出表示
23.      if state[2][self.i] is None:
24.          keyvalues = X
25.      else:
26.          keyvalues = torch.cat((state[2][self.i],X),axis= 1)
27.          state[2][self.i] = keyvalues
28.      if self.training:
29.          batchsize,numsteps,  = X.shape
30.          # decvalidlens 的开头:(batchsize,numsteps),
31.          # 其中每一行是[1,2,...,numsteps]
32.          decvalidlens = torch.arange(
33.              1,numsteps + 1,device= X.device).repeat(batchsize,1)
34.      else:
35.          decvalidlens = None
36.      # 自注意力
37.      X2 = self.attention1(X,keyvalues,keyvalues,decvalidlens)
38.      Y = self.addnorm1(X,X2)
39.      # 编码器-解码器注意力。
40.      # encoutputs 的开头:(batchsize,numsteps,numhiddens)
41.      Y2 = self.attention2(Y,encoutputs,encoutputs,encvalidlens)
42.      Z = self.addnorm2(Y,Y2)
43.      return self.addnorm3(Z,self.ffn(Z)),state
```

（2）自注意力机制

在注意力机制中，自主性提示被称为查询（query）。给定任何查询，注意力机制通过汇聚注意力（attention pooling）将选择引导至感官输入（sensory input），即中间特征表示。非自主提示则将这些感官输入称为值（value）。每个值都与一个键（key）相关联，注意力汇聚和自主性提示结合。图 8-1 展示了自主性提示和非自主性提示结合的过程。

在 Transformer 中，使用了缩放点积注意力，这是一种常见的点积注意力结构。使用点积可以得到计算效率更高的评分函数，但是点积操作要求查询和键具有相同的长度 d。假设查询和键的所有元素都是独立的随机变量，并且都满足零均值和单位方差，那么两个向量的点积的均值为 0，方差为 d。为确保无论向量长度如何，在不考

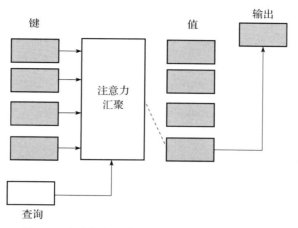

图 8-1　自主性提示与非自主性提示结合的过程

虑向量长度的情况下点积的方差仍然是 1，再将点积除以 $\sqrt{d_k}$，则缩放点积注意力评分函数如式（8-1）所示：

$$\mathrm{Attention}(\boldsymbol{Q},\boldsymbol{K},\boldsymbol{V})=\mathrm{softmax}\left(\frac{\boldsymbol{Q}\boldsymbol{K}^{T}}{\sqrt{d_k}}\right)\boldsymbol{V} \tag{8-1}$$

通过缩放点积注意力可以得到对应的 $\boldsymbol{Q}$、$\boldsymbol{K}$、$\boldsymbol{V}$ 权重矩阵，如图 8-2 所示。

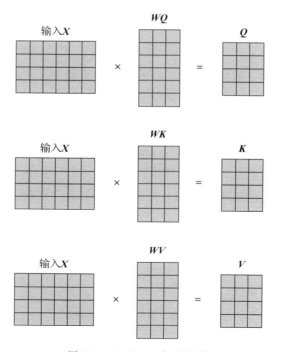

图 8-2　$\boldsymbol{Q}$、$\boldsymbol{K}$、$\boldsymbol{V}$ 权重矩阵

Transformer 的核心创新在于自注意力（Self-Attention）机制。由于查询、键和值来自同一组输入，因此该机制被称为自注意力机制。该机制使得模型能够处理序列数据中的长距离依赖问题，并且具有并行计算的优势，这对于传统的循环神经网络和长短时记忆网络是一个挑战。自注意力机制的关键在于它支持模型在处理序列的每个元素时，考虑序列中的所有其他元素，而不仅仅是前一个或后一个元素。这种全局性的注意力机制通过计算序列中每个元素对其他元素的注意力分数来实现，这些分数表明了在生成当前元素的表示时，其他元素的重要性。通过这种方式，Transformer 能够捕捉到序列中复杂的关系和模式，从而提高模型的性能和理解能力。

（3）多头注意力机制

在实践中，当给定相同的查询、键和值的集合时，用户会希望模型可以基于相同的注意力机制学习到不同的行为，然后将不同的行为作为知识组合起来，捕获序列内各种范围的依赖关系（例如，短距离依赖和长距离依赖关系）。因此，支持注意力机制组合使用查询、键和值的不同子空间表示是有益的。

为此，可以用独立学习得到的 h 组不同的线性投影（Linear Projection）来变换查询、键和值。这 h 组变换后的查询、键和值将并行地送到注意力汇聚中。最后，将这 h 个注意力汇聚的输出拼接在一起，并且通过另一个可以学习的线性投影进行变换，以产生最终输出。这种设计被称为多头注意力（multihead attention）。对于 h 个注意力汇聚输出，每一个注意力汇聚都被称作一个头（head）。图 8-3 展示了使用全连接层来实现可学习的线性变换的多头注意力机制。

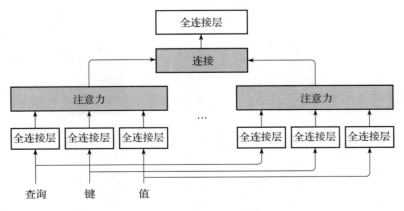

图 8-3　多头注意力机制

多头注意力融合了来自多个注意力汇聚的不同知识，这些知识的不同源于相同的查询、键和值的不同的子空间表示。

（4）位置编码

在处理词元序列时，循环神经网络是逐个、重复地处理词元的，而自注意力则因为并行计算而放弃了顺序操作。为了使用序列的顺序信息，可以在输入表示中添加位置编码来注入绝对的或相对的位置信息。下面描述基于正弦函数和余弦函数的固定位置编码。假设输入 $X \in R^{n \times d}$ 包含一个序列中 n 个词元的 d 维嵌入表示。位置编码使用相同形状的位置嵌入矩阵 $P \in R^{n \times d}$ 输出 $X + P$，矩阵第 i 行的第 $2j$ 列、第 $2j+1$ 列上的元素表示如式（8-2）和式（8-3）所示：

$$p_{i,2j} = \sin\left(\frac{i}{10\,000^{2j/d}}\right) \tag{8-2}$$

$$p_{i,2j+1} = \cos\left(\frac{i}{10\,000^{2j/d}}\right) \tag{8-3}$$

（5）Transformer 架构实现

下面介绍 Transformer 编码器、堆叠 num_layers 个 EncoderBlock 类的实现。由于这里使用的是值范围在 -1 和 1 之间的固定位置编码，因此通过学习得到的输入的嵌入表示的值需要先乘以嵌入维度的平方根进行重新缩放，然后与位置编码相加。

```
1. class TransformerEncoder(d2l.Encoder):
2. """Transformer 编码器"""
3.    def init(self, vocabsize, keysize, querysize, valuesize,
4.        numhiddens, normshape, ffnnuminput, ffnnumhiddens,
5.        numheads, numlayers, dropout, usebias= False, kwargs):
6.        super(TransformerEncoder, self).init(kwargs)
7.        self.numhiddens = numhiddens
8.        self.embedding = nn.embedding(vocabsize, numhiddens)
9.        self.posencoding = d2l.PositionalEncoding(numhiddens, dropout)
10.       self.blks = nn.Sequential()
11.       for i in range(numlayers):
12.           self.blks.addmodule("block"+
13.           EncoderBlock(keysize, querysize, valuesize, numhiddens,
14.                   normshape, ffnnuminput, ffnnumhiddens,
15.                   numheads, dropout, usebias))
16.       def forward(self, X, validlens, args):
17.       # 因为位置编码值在 -1 和 1 之间，
18.       # 所以嵌入值乘以嵌入维度的平方根进行缩放，
19.       # 然后与位置编码相加。
20.       X = self.posencoding(self.embedding(X)
21.           * math.sqrt(self.numhiddens))
22.       self.attentionweights = [None] len(self.blks)
23.       for i, blk in enumerate(self.blks):
```

```
24.              X = blk(X, validlens)
25.        self.attentionweights[i] =
26.                blk.attention.attention.attentionweights
27.        return X
```

下面构建了由 num_layers 个 DecoderBlock 实例组成的完整的 Transformer 解码器。最后，通过一个全连接层计算所有可能的预测值。

```
1. class TransformerDecoder(d2l.AttentionDecoder):
2.    def init(self, vocabsize, keysize, querysize, valuesize,
3.            numhiddens, normshape, ffnnuminput, ffnnumhiddens,
4.            numheads, numlayers, dropout, kwargs):
5.        super(TransformerDecoder, self).init(kwargs)
6.        self.numhiddens = numhiddens
7.        self.numlayers = numlayers
8.        self.embedding = nn.embedding(vocabsize, numhiddens)
9.        self.posencoding = d2l.PositionalEncoding(numhiddens,
10.           dropout)
11.       self.blks = nn.Sequential()
12.       for i in range(numlayers):
13.               self.blks.addmodule(i,"block"+
14.               DecoderBlock(keysize, querysize, valuesize, numhiddens,
15.                 normshape, ffnnuminput, ffnnumhiddens,
16.                 numheads, dropout, i))
17.       self.dense = nn.Linear(numhiddens, vocabsize)
18.    def initstate(self, encoutputs, encvalidlens, args):
19.        return [encoutputs, encvalidlens, [None]  self.numlayers]
20.    def forward(self, X, state):
21.        X = self.posencoding(self.embedding(X)
22.        * math.sqrt(self.numhiddens))
23.        self.attentionweights = [[None] * len(self.blks)
24.               for  in range (2)]
25.        for i, blk in enumerate(self.blks):
26.            X, state = blk(X, state)
27.            # 解码器自注意力权重
28.            self.attentionweights[0][
29.            i] = blk.attention1.attention.attentionweights
30.            # "编码器 - 解码器"自注意力权重
31.            self.attentionweights[1][
32.            i] = blk.attention2.attention.attentionweights
33.        return self.dense(X), state
34. def attentionweights(self):
35.    return self.attentionweights
```

8.1.4　Jittor 在图形生成中的应用与实践

Jittor（计图）是由清华大学开发的开源深度学习框架，是基于即时编译和元算子的高性能深度学习框架。该框架在实现即时编译的同时，还集成了强大的 Op 编译器和调优器，以生成定制化的高性能代码。Jittor 包含丰富的高性能模型库，涵盖图像识别、检测、分割、生成、可微渲染、几何学习、强化学习等。

1. Jittor 的特性和优势

Jittor 的前端语言为 Python，使用了主流的包含模块化和动态图执行的接口设计，后端则使用高性能语言进行深度优化。

Jittor 采用动态图计算方式，可以用自然、灵活的方式构建和调试模型，同时无须预先定义静态计算图，因此模型的构建和调整过程更加直观。Jittor 还支持自动微分，使用户能够轻松地计算梯度并进行反向传播，有助于训练深度学习模型。Jittor 致力于提供高性能计算能力，采用了一些优化策略，如 Just-In-Time 编译技术，以提高模型的执行效率，并且在多个平台上都有良好的支持，包括 CPU、GPU 和异构计算平台。最后，Jittor 采用模块化设计，用户可以方便地组织和重用代码，有助于提高开发效率。

2. Jittor 的模型库

Jittor 的模型库使用方便，通过直接调用现成的模块，可以方便用户构建自己的模块，简化工作。下面是 Jittor 常用的一些模型库。

（1）计图遥感检测库 JDet

JDet 是 Jittor 的遥感目标检测算法库。JDet 目前提供了 4 个主流遥感目标检测模型：S2ANet、Gliding、RetinaNet 和 Faster R-CNN，其他主流模型陆续增加中。JDet 集成了中科星图杯的"高分辨率可见光图像中多类目标细粒度检测识别"比赛的数据集处理打包工具，可以一键训练、测试与生成。

（2）计图可微渲染库 JRender

可微渲染是计算机视觉领域逐渐兴起的方向之一，通过计算渲染过程的导数，使得从单张图片学习三维结构逐渐成为现实。可微渲染目前已广泛应用于三维重建、人体重建、人脸重建、三维属性估计等领域。目前，JRender 已经支持可微表面渲染和可微体渲染特性。可微表面渲染支持 N3MR 和 SoftRas 两种算法，与 PyTorch 的渲染速度相比，这两种算法的渲染速度分别是 PyTorch 的 10.53 倍和 4.09 倍，可微体渲染支持 Ray Marching 算法，渲染速度是 PyTorch 的 1.9～2.3 倍（不同数据集）。

（3）计图点云模型库

点云数据的获取与处理是计算机图形学和三维视觉中的重要问题，在测绘、自动驾驶等方面有着广泛的应用。由于巨大的应用场景，近年来，点云处理得到了广泛关注，涌现了一批非常出色的工作成果。计图框架发布的点云模型库中包括几种最有影响力的模型：PointNet、PointNet＋＋、PointCNN、DGCNN 和 PointConv，这些模型支持分类和分割。其中，PointNet＋＋和 PointCNN 模型训练速度比 PyTorch 提升 1 倍以上。

（4）计图语义分割模型库

语义分割是众多算法（如人脸解析、视频语义分割等）的基础，它的目标是从像素的角度来理解图片，对原图中的每个像素都进行类别标注。语义分割在无人驾驶、智能编辑、智能农业、虚拟现实等方面有着广泛的应用。目前，Jittor 支持主流的语义分割算法，包含了三种经典的 Backbone 和六种常见的分割模型。所发布模型的训练速度相比于 PyTorch 均有所提升。

（5）计图 GAN 模型库

Jittor GAN 模型库包括了从 2014 到 2019 年出现的最主流的 27 种 GAN 模型。经过测试，所有 Jittor GAN 模型的训练速度都优于 PyTorch，最快可达 PyTorch 的 3.83 倍，最慢也是 PyTorch 的 1.27 倍，平均训练速度为 PyTorch 的 2.26 倍。这意味着假设 PyTorch 平均需要训练 100 个小时，那么 Jittor 只需训练 50.04（100/2.26）个小时。可见，使用 Jittor 的模型库可以大大提高研究人员的研究效率。

3. Jittor 的实践应用

（1）Var 和算子

要使用 Jittor 训练模型，需要了解两个主要概念：Var 和算子。

Var 是 Jittor 的基本数据类型。为了运算更加高效，Jittor 中的计算过程是异步的。如果要访问数据，可以使用 Var.data 进行同步数据访问。

```
1. import jittor as jt
2. val = jt.float32([1,2,3])
3. print (val)
4. print (val.data)
5. # Output: float32[3,]
6. # Output: [ 1. 2. 3.]
```

Jittor 的算子与 NumPy 类似，可以通过操作 jt.float32 创建变量 a 和 b，并将它们相加。输出这些变量的相关信息，可以看出它们具有相同的形状和类型。

```
1. import jittor as jt
2. a = jt.float32([1,2,3])
3. b = jt.float32([4,5,6])
4. c = a + b
5. print(a,b,c)
```

（2）定义模型与训练

以下代码展示了如何逐步搭建两层神经网络模型：

```
1. import jittor as jt
2. import numpy as np
3. from jittor import nn, Module, init
```

以下代码定义了模型，该模型是一个两层神经网络。其中，隐藏层的大小为10，激活函数为ReLU。

```
1.class Model(Module):
2.    def init(self):
3.        self.layer1 = nn.Linear(1, 10)
4.        self.relu = nn.ReLU()
5.        self.layer2 = nn.Linear(10, 1)
6.    def execute (self,x) :
7.        x = self.layer1(x)
8.        x = self.relu(x)
9.        x = self.layer2(x)
10.       return x
```

Jittor通过统一计算图和即时分析器计算梯度，并进行计算图级和算子级的优化。Jittor使用多个优化，包括算子融合、激活函数和损失函数。

```
1. np.random.seed(0)
2. jt.setseed(3)
3. n = 1000
4. batchsize = 50
5. baselr = 0.05
6. # 应阻止全局值逐渐增加,以防内存泄漏
7. lr = jt.float32(baselr).name("lr").stopgrad()
8. def getdata(n):
9.    for i in range(n):
10.       x = np.random.rand(batchsize, 1)
11.       y = X* X
12.       yield jt.float32(x), jt.float32(y)
13. model = Model()
14. learningrate = 0.1
15. optim = nn.SGD (model.parameters(), learningrate)
16. for i,(x,y) in enumerate(getdata(n)):
17.    predy = model(x)
18.    loss = jt.sqr(predy - y)
19.    lossmean = loss.mean()
20.    optim.step (lossmean)
```

```
21.     print(f"step {i}, loss = {lossmean.data.sum()}")
22. assert lossmean.data < 0.005
```

要获得更多示例和使用方式，读者可以查阅 Jittor 的官方文档。

8.2   深度学习在计算机图形学中的前沿应用

本节讨论深度学习在计算机图形学中的前沿应用，包括人体动画生成、神经渲染等，通过提供一些实际的图形生成任务案例，帮助读者更好地理解深度学习在图形生成技术中的应用，探讨深度学习在图形生成技术领域的发展趋势。

8.2.1   基于深度学习的人体动画生成

2018 年至今，神经网络已广泛应用于人体动画生成领域来生成高质量和交互式的运动（参见图 8-4）。早期的深度学习系统忽略了语义，而是专注于改善人的相似性。

图 8-4   人体动画生成

深度学习为虚拟角色的生成与动画制作提供了强大的技术支持。通过深度学习，可以创造出外观逼真、动作自然、反应灵活的虚拟角色，这些角色不仅能够丰富虚拟现实的内容，还能够在游戏、电影、教育和医疗模拟等领域发挥重要作用。随着深度学习技术的不断进步，虚拟角色的表现力和智能程度将会得到更大的提升，为用户带来更加真实和震撼的体验。

8.2.2   神经渲染

1. 神经渲染的概念

Eslami 等人在 2018 年首次引入了神经渲染的概念。通过生成查询网络（GQN），将不同数量的图像及其相机参数作为输入，并将完整的场景信息编码成一个向量，然后利用这个向量生成正确的遮挡视图。GQN 通过从数据中学习一个强大的神经渲染器，而不需要人工注释的数据。Tewari 等人在 2020 年为神经渲染定义了一种基于深度学习生成图像和视频的方法，该方法将深度神经网络模型与计算机图形学的物理知识相结合，实现了对场景属性（如照明、相机参数和姿势）的控制。神经渲染将传统渲染的物理/数学知识与神经网络结构的设计相融合。它将神经网络视为通用函数逼近工具，通过对真实世界场景数据进行训练并构建损失函数来模拟物理/数学定律的近似。因此，训练输入数据的数量、分布和质量与最终的渲染效果密切相关。

2. 神经渲染过程

神经渲染过程由三个阶段组成：场景表示、图形渲染流水线和后处理。神经渲染技术通常涉及增强传统渲染过程的各个子模块。

1）**神经渲染基于体素的场景表示**：Nguyen-Phuoc 等人利用神经渲染实现了端到端的神经体素渲染过程。首先，该方法将输入的体素、相机姿势和光源位置转换为相机坐标。接着，三维卷积神经网络将相机坐标转换为表示神经体素的四维张量。然后，投影单元将神经体素转换为表示神经像素的三维张量，并执行去卷积操作，最终将投影的神经体素渲染成图像。Rematas 和 Ferrari 提出了一种基于深度学习的渲染方法，用于将体素化场景映射到高质量图像。作者设计了两个神经渲染器（NVR 和 NVR＋）用于渲染场景。NVR 和 Render Net 相似，但 NVR 的投影单元使用两层 MLP 来处理光线位置，从而对照明信息进行编码。

2）**神经渲染基于点云的场景表示**：Aliev 等人使用原始点云作为场景的几何表示，并通过预训练的神经描述符增强每个点云的局部几何和外观。Dai 等人进一步提出了一种使用多平面投影（MPP）的神经点云渲染管道，其中包括两个模块：基于多平面的体素化和多平面渲染。体素化模块根据图像尺寸和预定义数量的平面将相机平截头体的三维空间均匀划分成小体素，生成多平面三维表示。多平面渲染模块为每个平面预测 4 通道输出（RGB＋混合权重），最终基于混合权重混合所有平面，从而产生渲染图像。

3）**神经渲染基于网络的场景表示**：Niemeyer 等人引入了可微分体绘制（DVR），用于隐式形状和纹理的表示。他们还设计了一个占用网络，将占用概率分配给三维空间中的每个点，使用等值面提取技术提取物体表面，并直接从 RGB 图像中学习隐式形状和纹理表示的纹理场。

8.3 参考文献

[1] MCCULLOCH W S, PITTS W H. A logical calculus of ideas Imminent in nervous activity [J]. Biol Math Biophys, 1943, 5: 115-133.

[2] MINSKY M L, PAPERT S. Perceptrons: An Introduction to Computational Geometry [M]. Cambridge: The MIT Press, 1969.

[3] RUMELHART D E, HINTON G E, WILLIAMS R J. Learning internal representation by back-propagation of errors [J]. Nature, 1986, 323: 533-536.

[4] HINTON G E, OSINDERO S, TEH Y W. A fast learning algorithm for deep belief nets [J]. Neural Computation, 2006, 18: 1527.

[5] KRIZHEVSKY A, SUTSKEVER I, HINTON G E. ImageNet classification with deep convolutional neural networks [C]//ACM. The 26th International Conference on Neural Information Processing Systems (NIPS). New York: Curran Associates Inc, 2012: 1097-1105.

[6] BROWNE M, GHIDARY S S. Convolutional neural networks for image processing: an application in robot vision [C]//ACM. AI 2003: Advances in Artificial Intelligence. Berlin: Springer, 2003: 641-652.

[7] GOODFELLOW I, POUGET-ABADIE J, MIRZA M, et al. Generative adversarial nets [C]//ACM. The 28th International Conference on Neural Information Processing Systems (NIPS). New York: Curran Associates Inc, 2014.

[8] VASWANI A, SHAZEER N, PARMAR N, et al. Attention is all you need [C]//ACM. The 31st International Conference on Neural Information Processing Systems (NIPS). New York: Curran Associates Inc, 2014.

[9] CHIU C C, MORENCY L P, MARSELLA S. Predicting co-verbal gestures: a deep and temporal modeling approach [C]//IVA. The 15th International Conference on Intelligent Virtual Agents (IVA). Berlin: Springer, 2015: 152-166.

[10] ALEXANDERSON S, HENTER G E, KUCHERENKO T, et al. Style-controllable speech-driven gesture synthesis using normalising flows [J]. Computer Graphics Forum, 2020, 39 (2): 487-496.

[11] KUCHERENKO T, JONELL P, YOON Y, et al. A large, crowdsourced evaluation of gesture generation systems on common data: the GENEA challenge 2020 [C]//ACM. The 26th International Conference on Intelligent User

Interfaces. New York：ACM. 2021：11-21.

[12]　ESLAMI S A，REZENDE D J，BESSE F，et al. Neural scene representation and rendering [J]. Science，2018，360（6394）：1204-1210.

[13]　TEWARI A，FRIED O，THIES J，et al. State of the art on neural rendering [J]. Computer Graphics Forum，2020，39：701-727.

[14]　NGUYEN-PHUOC T H，LI C，BALABAN S，et al. Rendernet：a deep convolutional network for differentiable rendering from 3D shapes [C]//NIPS. The 32nd International Conference on Neural Information Processing Systems (NIPS). New York：Curran Associates Inc，2018.

[15]　REMATAS K，FERRARI V. Neural voxel renderer：learning an accurate and controllable rendering tool [C]// IEEE. CVF Conference on Computer Vision and Pattern Recognition (CVPR). Seattle：IEEE，2020：5417-5427.

[16]　ALIEV K A，SEVASTOPOLSKY A，KOLOS M，et al. Neural point-based graphics [C]//ECCV. The 16th European Conference on Computer Vision (ECCV). Berlin：Springer，2020：696-712.

[17]　DAI P，ZHANG Y，LI Z，et al. Neural point cloud rendering via multi-plane projection [C]//IEEE. The IEEE/CVF Conference on Computer Vision and Pattern Recognition (CVPR). Seattle：IEEE，2020：7830-7839.

[18]　NIEMEYER M，MESCHEDER L，OECHSLE M，et al. Differentiable volumetric rendering：learning implicit 3D Representations without 3D Supervision [C]//IEEE. The IEEE/CVF Conference on Computer Vision and Pattern Recognition (CVPR). Seattle：IEEE，2020：3504-3515.

8.4　本章习题

1. 简述经典的深度学习模型及其原理。

2. 编程调试一个经典的深度学习框架。

3. 分析深度学习在计算机图形学领域中的应用趋势。

推荐阅读

交互式系统设计：HCI、UX和交互设计指南（原书第3版）

作者：David Benyon 译者：孙正兴 等 ISBN：978-7-111-52298-0 定价：129.00元

本书在人机交互、可用性、用户体验以及交互设计领域极具权威性。书中囊括了作者关于创新产品及系统设计的大量案例和图解，每章都包括发人深思的练习、挑战点评等内容，适合具有不同学科背景的人员学习和使用。

以用户为中心的系统设计

作者：Frank E. Ritter 等 译者：田丰 等 ISBN：978-7-111-57939-7 定价：85.00元

本书融合了作者多年的工作经验，阐述了影响用户与系统有效交互的众多因素，其内容涉及人体测量学、行为、认知、社会层面等四个主要领域，介绍了相关的基础研究，以及这些基础研究对系统设计的启示。